简单
容易理解

全图解钩针编织新手入门

日本宝库社　编著
梦工房　译

河南科学技术出版社
·郑州·

钩针编织针法符号一览

○	锁针	▸▸ P.18
●	引拔针	▸▸ P.19
╬ (X)	短针	▸▸ P.20
T	中长针	▸▸ P.22
₮	长针	▸▸ P.24
₮	长长针	▸▸ P.26
₮	3卷长针	▸▸ P.26
V	短针1针放2针	▸▸ P.28
W	短针1针放3针	▸▸ P.28
Ⱳ	短针1针放2针（中间1针锁针）	▸▸ P.28
V	中长针1针放2针	▸▸ P.29
W	中长针1针放3针	▸▸ P.29

基本针法

增加针目（加针）

V	长针1针放2针	▸▸ P.30
V	长针1针放2针（中间1针锁针）	▸▸ P.30
W	长针1针放3针	▸▸ P.31
A	短针2针并1针	▸▸ P.32
A	短针3针并1针	▸▸ P.32
A	短针3针并1针（跳过中央的针目）	▸▸ P.32
A	中长针2针并1针	▸▸ P.33
A	中长针3针并1针	▸▸ P.33
A	长针2针并1针	▸▸ P.34
A	长针3针并1针	▸▸ P.34
⊕	长针3针的枣形针	▸▸ P.35
⊕	中长针3针的枣形针	▸▸ P.35

增加针目（加针）

减少针目（减针）

枣形针

目录

第1章
编织前要了解的事

第2章
各种针法符号

第3章
起针和环形编织起点

第4章
想要了解的技法

编织前要了解的事

在开始编织前先普及一下需要了解的关于钩针和线的知识。
钩针和线有很多种类，要配合线的粗细来选择钩针编织。

关于钩针

钩针的针头呈钩状，用针头钩线拉出，制作针目。要配合编织线的粗细来选择不同粗细的钩针编织。

针的种类和粗细

钩针的粗细是根据针头轴的粗细来区分的，根据线的粗细不同分别使用。从基准 0 号开始，00 号、000 号等越来越粗，表面标注为 2/0 号和 3/0 号。也就是说，数字越大钩针越粗。比 10/0 号粗的就用 mm 单位表示，被称为大型钩针。

比 2/0 号钩针细的针一般被叫作"蕾丝针"，使用方法和编织方法相同。

钩针的制作材料有金属、塑料和竹制等。钩针种类各异，有一端带钩的"单头钩针"，有两端带不同号数钩的"双头钩针"，有带握柄的笔形钩针等。带握柄的钩针拿起来很顺手，编织者不容易感到疲劳，特别适合初学者使用。

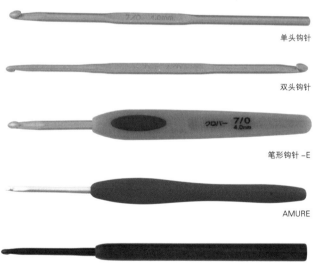

单头钩针

双头钩针

笔形钩针 –E

AMURE

木制笔形钩针（针为金属制）
"小手工"系列

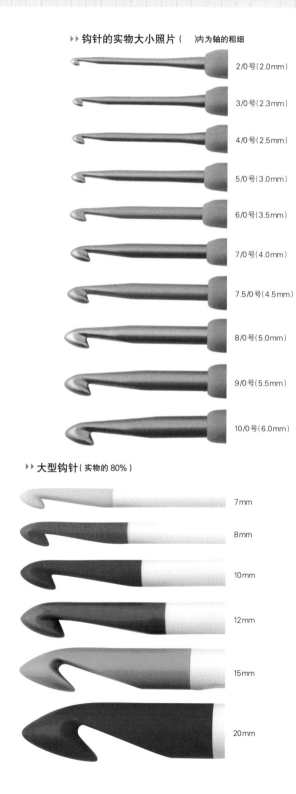

▶▶钩针的实物大小照片（　）内为轴的粗细

2/0 号（2.0mm）

3/0 号（2.3mm）

4/0 号（2.5mm）

5/0 号（3.0mm）

6/0 号（3.5mm）

7/0 号（4.0mm）

7.5/0 号（4.5mm）

8/0 号（5.0mm）

9/0 号（5.5mm）

10/0 号（6.0mm）

▶▶ **大型钩针**（实物的 80%）

7mm

8mm

10mm

12mm

15mm

20mm

▶▶蕾丝针

一般称细钩针为蕾丝针。
编织时，蕾丝针的使用方法或编织方法和钩针相同。
从 0 号开始，数字越大针越细。

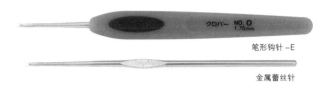

笔形钩针 -E

金属蕾丝针

▶▶蕾丝针的实物大小照片（　）内为轴的粗细

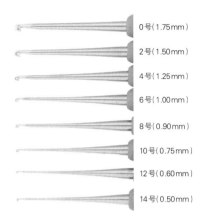

0号（1.75mm）
2号（1.50mm）
4号（1.25mm）
6号（1.00mm）
8号（0.90mm）
10号（0.75mm）
12号（0.60mm）
14号（0.50mm）

其他工具

处理线的缝针和剪线的剪刀是必需品。
除此以外，把需要的备齐即可。

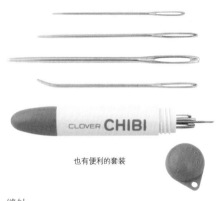

也有便利的套装

缝针
缝针比缝布的针粗，为了不挂住线，针尖做成了
圆形。可配合线的粗细选择使用。为了顺利地穿
过针目，也有针尖弯曲的缝针。

缝针的穿线方法

毛线很粗，貌似多大的针鼻都很难穿过。
但是有很好用的方法。

1 像夹住缝针那样折叠线头。

2 紧紧地捏住折叠处，抽出针。

3 尽可能将折叠处捏得薄一些，靠
近并塞入针鼻。

4 穿过针鼻后，从另一侧拉出折叠
处，线就穿好了。

珠针
用于编织物上的珠针较长，针尖为
圆头。在固定相同织片时使用。

剪刀
推荐尖端较细、方便使用
的手工剪刀。

卷尺
确定编织物的尺寸。

行数环、针数环
可挂在针目上作为记号。

关于线

线的种类中毛（羊毛）制品占多数，另外也有棉、亚麻、腈纶等不同材料的线，形状也各异，有必要了解一下各自的特征。

线的种类和粗细

线的形状，除直线型以外，还有马海毛、圈纱线、竹节纱线等各种类型。线的粗细又分为极细、细、中细、粗、中粗等，各制造商生产的线之间也有差异，所以很难分类。粗略地记住粗细标准就可以了。

▶▶ 线的种类（实物大小）

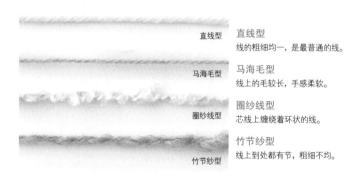

直线型	直线型 线的粗细均一，是最普通的线。
马海毛型	马海毛型 线上的毛较长，手感柔软。
圈纱线型	圈纱线型 芯线上缠绕着环状的线。
竹节纱型	竹节纱型 线上到处都有节，粗细不均。

▶▶ 线的粗细　直线型线/实物大小　（　）内是适合针号的号数

极细（4～0号、双股线2/0～3/0号）

细（0～3/0号、双股线3/0～5/0号）

中细（2/0～4/0号）

粗（3/0～5/0号）

中粗（5/0～6/0号）

极粗（6/0～8/0号）

超粗（8/0～10/0号）

小贴士

对于初学者来说，直线型线最适合！

粗细均一的直线型线容易编织，即使在织错的时候也很容易拆开，所以推荐给编织初学者。用5/0号、6/0号针编织中粗的线会比较容易。

标签的看法

线上都会附有标签，上面注明线的各种信息。请务必保留1张。

线的名称

线的素材及含量

1团线的重量和线的长度
根据重量和线长可以了解线的大概粗细。比起中粗之类的提示，实际上这里的信息更值得参考（相同重量的情况下，线越长就越细）。

色号及批次
色号相同，但批次不同的话，染色的情况也会不一样，所以会有微妙的色差。购买时请注意。

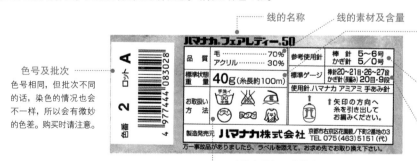

适合针号
适合的针号。可酌情换针，不是必须用此针。

标准密度
10cm×10cm面积内标准的针数和行数。和其他的线比较时可作为基准参考。没有特别说明时，表示的是平针（棒针编织）编织时的情况。

洗涤和熨烫温度等建议

线的抽取方法

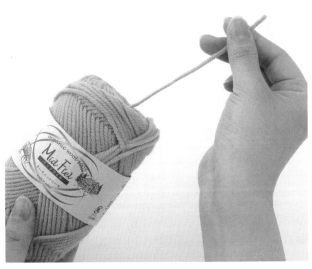

从线团中心找到线头拉出后使用。外侧也有线头，从外侧开始使用的话，线团会滚动，编织较困难，线也会不自然地扭转。

面包圈状绕线

绕在硬芯上的线

绕在硬芯上的线要从外侧开始使用。

绕成面包圈状的线使用时要取下标签，从中心拉出线使用。保留标签。

为了不弄脏线团，将其放入塑料袋中，还可以防止线团滚动。

小贴士

线拉出较长时怎么办？

1 线被拉出较多时，团在一起也没关系。另外，找不到线头的时候，可拉出少量的线团。

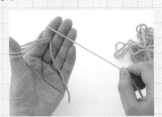

2 从线团中耐心地找到线头，将线呈8字状绕在大拇指和食指上。

3 绕到一定程度后，取下大拇指上的线，移至食指。

4 从食指上取下，不要弄乱线圈。

5 拉出一点点线头，将剩下的线绕在作为基础的线圈上。

6 从绕好的线团中心拉出线头使用。

挂线和持针的方法

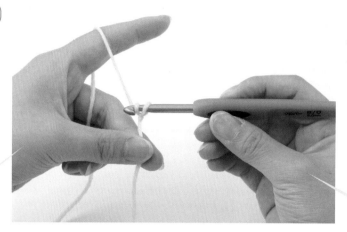

因为使用的是平时生活中不常用到的手指，所以刚开始可能容易疲劳抽筋。熟练的话就可以活动自如了，所以多练习吧。

LEFT HAND 挂线方法（左手）

1 从左手手背一侧将线夹在小指和无名指之间，从手掌一侧的中指和食指之间出线。

2 在食指上挂线，大拇指和中指捏住线头，翘起食指，拉伸线，一边调整一边编织。

细线和光滑的线

线较松难以拉伸时，就在小指上绕一圈后再在食指上挂线。

RIGHT HAND 持针方法（右手）

用右手的大拇指和食指轻轻地拿住钩针柄，加上中指。中指可以压住钩针上的线，支撑住织片，这样方便活动钩针，一边适度转动一边编织。拿针时，针头的钩朝下。

针目的名称

针目的名称经常出现，所以请记住。

起针	从这部分开始编织。通常起针行不算1行。
立针	在行的起点编织的锁针（参照 P.23）
针目顶部	针目上部 V 字的部分。看上去像锁针一样，也被称为顶部锁针。
针目底部	针目顶部以下的部分。

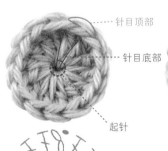

针目顶部
针目底部
起针

中心

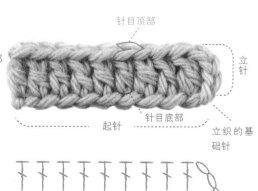

针目顶部
立针
针目底部
起针
立织的基础针

编织图的看法

编织图中集中了需要的针和线、整体图、针法符号等关于编织的必要信息。开始编织前，先在这里了解大致情况。

线
标明了使用线的名称、使用量。( )内表示的是线的色号。

针
标明了使用针的号数。请注意，如果记载了2个以上的针号，就表示要根据作品部分的不同，分别使用。

密度
标准织片的针数和行数。

整体图
织片整体的形状和各个部分的尺寸、编织方法的标注。从编织起点开始，按照编织进行的方向加入箭头符号。

编织起点和编织方向。

编织方法
说明如何编织。配合编织图，一边确认编织方法一边编织。

编织图
用编织图表现编织方法。从编织的起点位置开始按照图示编织。

空白部分表示针法符号省略，重复编织即可。

⑥被圈起来的数字表示的是行数，→表示编织方向。

针、行都要重复编织形成"1个花样"。

在针法符号图中出现的针法符号一览。( )内是编织方法所在的页码。

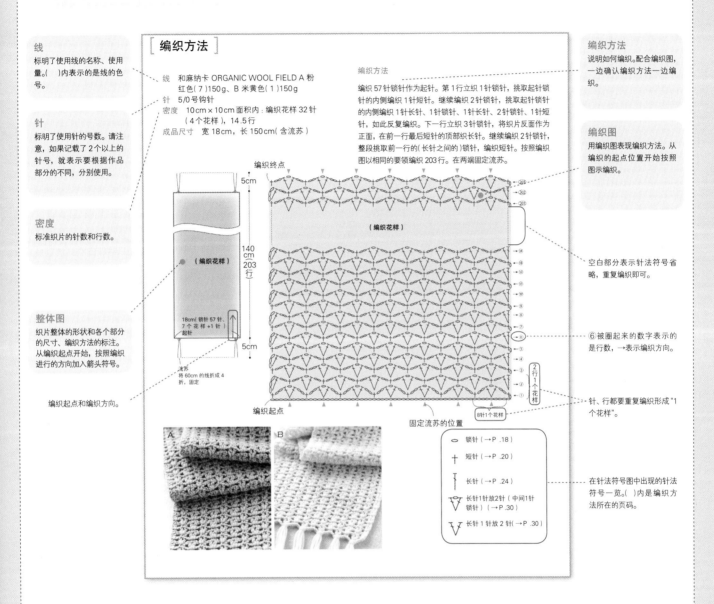

[编织方法]

线 和麻纳卡 ORGANIC WOOL FIELD A 粉红色(7)150g、B 米黄色(1)150g
针 5/0号钩针
密度 10cm×10cm面积内：编织花样 32针(4个花样)，14.5行
成品尺寸 宽 18cm，长 150cm(含流苏)

编织方法

编织57针锁针作为起针。第1行立织1针锁针，挑取起针锁针的内侧编织1针短针。继续编织2针锁针，挑取起针锁针的内侧编织1针长针、1针锁针、1针长针、2针锁针、1针短针，如此反复编织。下一行立织3针锁针，将织片反面作为正面，在前一行最后短针的顶部编织长针。继续编织2针锁针，整段挑取前一行的(长针之间的)锁针，编织短针。按照编织图以相同的要领编织203行。在两端固定流苏。

编织终点
5cm

(编织花样)

140cm 203行

(编织花样)

18cm(锁针 57针，7个花样 +1针) 起针

5cm

流苏
将 60cm的线折成 4折，固定

编织起点

固定流苏的位置

2行1个花样

8针1个花样

⌒ 锁针 (→P .18)
† 短针 (→P .20)
↑ 长针 (→P .24)
长针1针放2针(中间1针锁针) (→P .30)
长针1针放2针 (→P .30)

密度是什么?

密度，是按照和书中作品的一样的尺寸编织而形成的标准。表示了10cm×10cm面积内的针数和行数。如果想做得和成品尺寸一样，就在编织作品前15cm×15cm面积内试着编织看看，测量一下密度。如果10cm×10cm面积内的针数、行数比标准密度多，就使用比指定针号粗一两号的针；如果少的话，就使用细一两号的针，直至调整到与标准密度一致。

小贴士

有些作品，不测密度也无妨

像围巾或披肩之类，成品尺寸稍微有些不一样也影响不大，编织时可不必在意密度。但是，如果是帽子和衣服的话，还是要好好地测一下密度之后再制作，因为成品尺寸的大小会影响到穿戴的效果。

[镂空花样的围巾]

只用了钩针编织最基本的3种针法（锁针、短针、长针）
编织的围巾。
属于镂空花样的简单作品。
即使改变编织行数也能够做出自己喜欢的长度。
设计 /远藤裕美

A

B

[编织方法]

线　和麻纳卡 ORGANIC WOOL FIELD A 粉红色(7)

　　150g、B 米黄色(1)150g

针　5/0号钩针

密度　10cm×10cm 面积内：编织花样32针(4 个花
　　　样)，14.5行

成品尺寸　宽18cm，长150cm(含流苏)

编织方法

编织57针锁针作为起针。第1行织1针锁针，挑取起针锁针的内侧编织1针短针。继续编织2针锁针，挑取起针锁针的内侧编织1针长针、1针锁针、1针长针、2针锁针、1针短针，如此重复编织。下一行立织3针锁针，将织片反面作为正面，在前一行最后短针的顶部织长针。继续编织2针锁针，整段挑取前一行的(长针之间的)锁针，编织短针。按照编织图以相同的要领编织203行。在两端固定流苏。

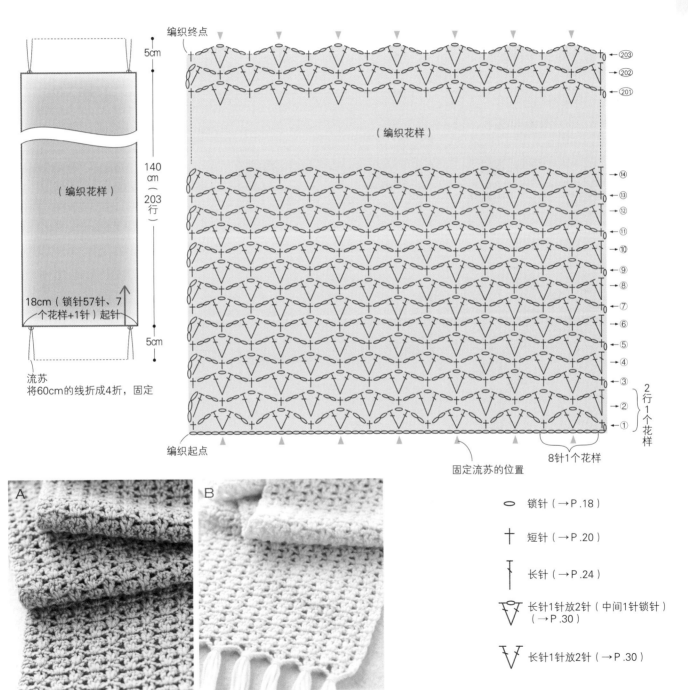

5cm

编织终点

（ 编织花样 ）

140 cm
（ 203 行 ）

（ 编织花样 ）

18cm（ 锁针57针、7
个花样+1针 ）起针

5cm

流苏
将60cm的线折成4折，固定

编织起点

固定流苏的位置

2行1个花样

8针1个花样

→ 203
→ 202
→ 201

→ 14
→ 13
→ 12
→ 11
→ 10
→ 9
→ 8
→ 7
→ 6
→ 5
→ 4
→ 3
→ 2
→ 1

⬯　锁针（→P.18）

╋　短针（→P.20）

╽　长针（→P.24）

　长针1针放2针（中间1针锁针）
（→P.30）

　长针1针放2针（→P.30）

A

B

好了，试着编织看看吧！

STEP 1 ▸▸ **编织锁针作为起针**

锁针 ◯

1 留 10cm 左右的线头，将钩针贴在线的后侧，将针头往前推着绕 1 圈，做出线环。

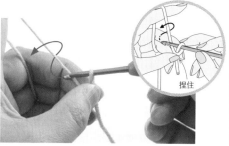

2 一边捏住线环交叉的部分一边在针的背后抵住线，转动针头挂线。

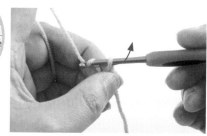

3 将挂在针上的线从线环中拉出。

不算针数

4 拉出后的情形。拉紧线头。这是边缘的一针，不算针数。

5 针上挂线，从线圈中拉出。

1针锁针

57针锁针

6 重复步骤 5，编织 57 针锁针作为起针。

STEP 2 ▸▸ **编织 1 ~ 203 行**

第 1 行

短针 ＋

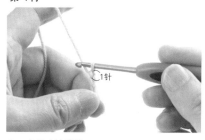

1针

1 立织 1 针锁针。

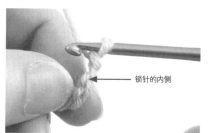

锁针的内侧

2 将钩针插入立织锁针旁边起针边缘的针目中（在这里挑取锁针的内侧）。

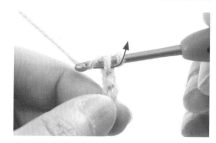

3 针上挂线，拉出。

4 针上挂线，从针上的 2 个线圈中一次性拉出。

5 编织好 1 针短针的情形。

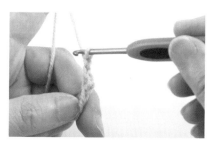

6 编织 2 针锁针。

长针1针放2针（中间1针锁针）▽

针上挂线后

空3针

7　针上挂线，空3针锁针，将针插入下一针
锁针的内侧（★）。

8　针上挂线，拉出。

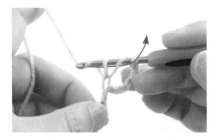

9　针上挂线，从钩针上的2个线圈中引拔出。

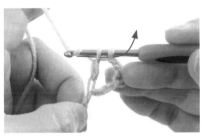

10　再次针上挂线，从钩针上的2个线圈中一
次性引拔出。

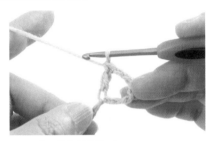

11　织好1针长针的情形。

12　织1针锁针。

将钩针插入
同一针目中

13　针上挂线，将钩针插入和步骤7一样的针
目中，编织1针长针。

14　长针1针放2针（中间1针锁针）织好的情
形。

15　编织2针锁针。

16　空3针锁针，在下一个锁针的内侧编织短
针。

第1行织好的情形

17　参照图，重复步骤6~16，编织第1行。

第2行

钩针不动

18 在第1行继续立织第2行的3针锁针。

19 织片右端向后翻转，钩针在右侧。

★

★

整段挑取

20 针上挂线，将钩针插入第1行最后的短针顶部（★），编织1针长针。

21 织好1针长针的情形。

22 编织2针锁针，将钩针插入前一行2针长针之间的1针锁针下的空隙（★）中（这被称为整段挑取）。

短针织好的情形

第2行织好的情形

23 针上挂线，拉出，编织短针。

24 参照图，编织第2行。继续编织第3～203行，按照相同要领编织。

注意

编织过程中线用完了怎么办？

接线时不要打结，一边编织一边换成新线即可。

完成短针或长针针目最后的引拔前（未完成的针目），将原线挂在针上，将新线（这里是白色线）挂在针头上，引拔出新线。

引拔出新线后的情形。

继续编织。保留10cm左右原线头和新线头后再处理。最好在织片边缘换线。

STEP 3 ▸▸ 最后处理

线头的处理

1 保留10cm左右的线头后，剪断。取出钩针，从钩针上的线圈中穿过线头，拉紧。

2 将线头穿入缝针，穿过3~4cm的边缘针目。

3 在织片边缘剪断线头。注意不要剪到织片。

固定流苏

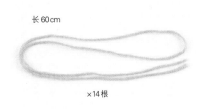

长60cm

×14根

4 准备14根60cm长的线。如图所示折成四折。

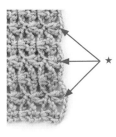

★

5 将钩针插入编织终点边缘的2针长针之间锁针下的空隙(★)中，再将折成四折的线对折，挂于针头。

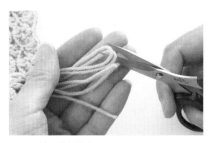

6 拉针，拉出少量的线。

7 在拉出的线圈中穿入线头。

8 用剪刀剪断线头。

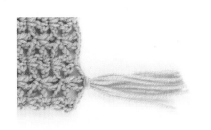

9 固定好1个流苏的情形。之后再在终点边缘上固定6束(共7束)流苏。

编织起点的边缘

★

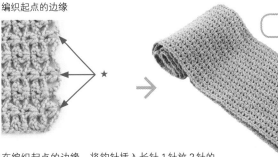

完成

用蒸汽熨斗熨烫，整理针目，可以做出漂亮的成品(P.57)。

在编织起点的边缘，将钩针插入长针1针放2针的同一针目中(★)，固定7束流苏。

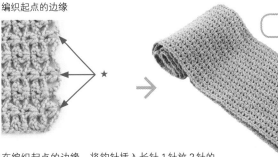

第 2 章

各种针法符号

钩针编织图是将针法符号组合起来表示的。
根据符号按照顺序编织。

基本针法

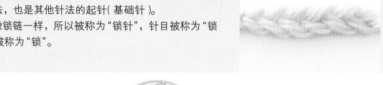

基本针法就是锁针(○)、短针(＋)、中长针(Ｔ)、长针(Ｔ)。
其他针法都是这些基本针法的组合、应用。除锁针以外，均编织在起针(→ P.48)等基础针上。

锁针

这是钩针编织最基本的针法，也是其他针法的起针(基础针)。
针目连续的话，看上去就像锁链一样，所以被称为"锁针"，针目被称为"锁针针目"、"锁针"，或单独被称为"锁"。

1 留10cm左右的线头，将钩针贴在线的后侧，将针头往前推着绕1圈，做出线环。

2 一边捏住线环的交叉点，一边在针的背后抵住线，转动针头挂线。

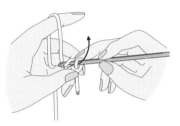

3 将挂在针上的线用针头从线环中拉出。

4 拉出后的情形。拉线头，拉紧线圈。这是边缘的一针，不算针数。

不算针数

5 将钩针放在线的前面，在针的背后抵住线，转动针头挂线。

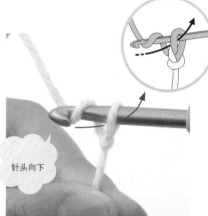

针头向下

6 将挂在针上的线用针头从线圈中拉出。

1针

7 织好1针锁针。针目位于针上线圈的下方。继续重复步骤5、6编织。

8 每织好三四针就改变一下左手的握针位置。

引拔针

引拔针是一种辅助的编织方法，这种针目没有高度。在连接针目时也会使用。此编织方法只需在针上挂线，引拔出即可，操作要领和锁针相同。

*其针法符号是将锁针符号全部涂满的椭圆形符号，也有被描成更小一些的黑圆圈符号。

在针目顶部（此处是在短针之上）编织的情况

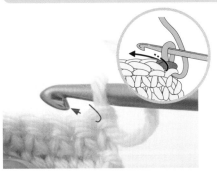

1 将线置于钩针后侧，穿过前一行针目顶部的两根线，插入钩针。

2 在针上挂线，引拔出。

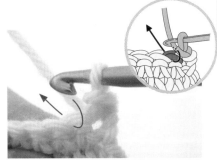

3 1针引拔针编织完成。继续穿过前一行相邻针目引拔出。

4 按照相同要领继续编织。容易连带着钩到别的线，所以织引拔针的同时也要注意。

5 完成5针引拔针的情形。看上去好像在织片上织了一条锁链。

连接针目的情况

在指定位置插入钩针，挂线引拔出，用引拔针将针目与针目连接起来。

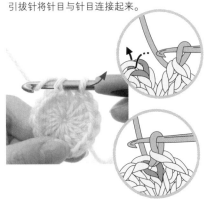

🐑 小贴士

锁针的编织起点
简单的方法

如果编织不熟练，线又滑的话，针上就无法挂线，这会让初学者在最开始的时候就遭受挫折。如果那样的话，就试试看这种方法吧。

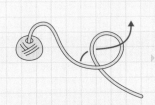

将线交叉，在线头处做出线环，从环中拉出线团一侧的线。

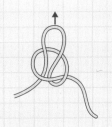

保持原样拉线，拉紧线环（线环制作完成）。

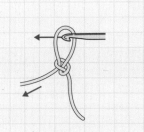

拉线团一端的线，调整线环的大小，插入钩针。这里和P.18的步骤4相同（边缘针目完成后的状态）。

短针

用缩短针目的编织方法，织成牢固结实的织片。

立针（→P.23）是1针锁针，小小的，几乎感觉不到存在，所以不算作针数。

本公司的符号　JIS符号

从反面看

* 短针的编织符号，JIS规格为"×"，本书使用的是"+"，实际编织时，为了便于理解，"+"的竖杠表示的是加入针目的位置，横杠表示的是针目和针目连接。

第1行

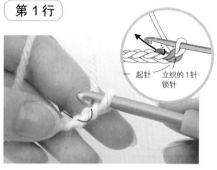

1　编织"起针+立织的1针"部分的锁针，将钩针插入起针的边缘针目中（此处是挑取内侧）。

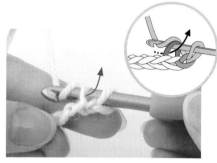

2　在针的背后抵住线，转动针头挂线，拉出。

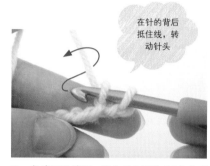

在针的背后抵住线，转动针头

3　拉出后的情形。这个状态被称为"未完成的短针"。再次按箭头所示转动钩针。

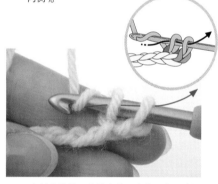

4　在针上挂线，从针上的2个线圈中一次性引拔出。

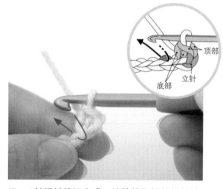

5　1针短针编织完成。继续挑取相邻的起针，重复步骤1～4编织短针。

6　第1行编织完成。

7　继续针上挂线，引拔出，编织下一行立织的锁针。

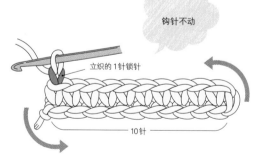

钩针不动

8　钩针保持原样，织片右端向后翻转，将反面向上。

立织的1针锁针

第2行　翻转织片，看着反面编织第2行。

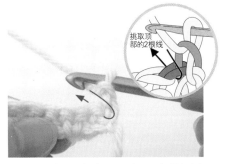

挑取顶部的2根线

9　挑取前一行右端短针顶部的2根线（从上方看像锁针）。

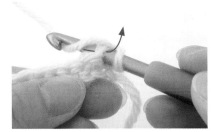

10　针上挂线，拉出。

11　再次针上挂线，从针上的2个线圈中一次性引拔出。

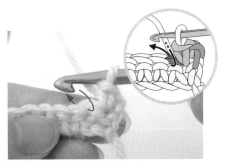

12　1针短针编织完成。继续按照相同的要领挑取前一行顶部的2根线编织。

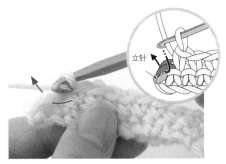

立针

13　编织终点也要挑取前一行顶部的2根线编织。注意不要挑取立织针目。

14　第2行编织完成。

15　继续立织1针锁针，重复步骤8～12，按照相同要领编织。

行的编织终点

注意不要挑取立针。此处挑针会增加针目。

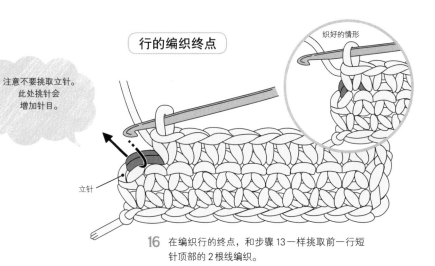

织好的情形

立针

16　在编织行的终点，和步骤13一样挑取前一行短针顶部的2根线编织。

从反面看

中长针

T

此针目的高度是短针的2倍。

因为编织过程中不引拔，所以容易将线织出松散的感觉。反过来说，和短针或长针比起来，中长针是一种不大牢固的针目，所以大多作为一种辅助针法使用。

"立针"(→P.23)是2针锁针，立针算作1针。

第1行

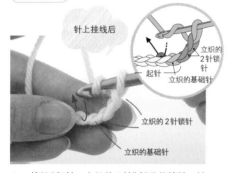

针上挂线后

立织的2针锁针
起针
立织的基础针
立织的2针锁针
立织的基础针

1 编织"起针+立织的2针"部分的锁针，针上挂线后，将钩针插入从起针边缘数起的第2针中(此处要挑取内侧)。

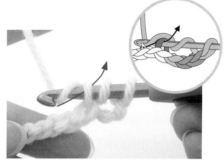

2 针上挂线拉出。

3 拉出后的情形。这个状态被称为"未完成的中长针"。再次按箭头所示转动钩针(在钩针背后抵住线，转动钩针)。

从3个线圈中引拔出

4 针上挂线，从钩针上的3个线圈中一次性引拔出。

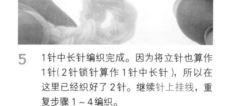

5 1针中长针编织完成。因为将立针也算作1针(2针锁针算作1针中长针)，所以在这里已经织好了2针。继续针上挂线，重复步骤1~4编织。

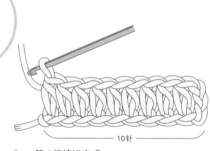

6 第1行编织完成。

10针

第2行 反面的编织行

7 继续立织下一行的2针锁针，织片右端向后翻转，将反面翻过来。

注意不要挑取此处

8 翻转织片，针上挂线，将钩针插入从前一行边缘数起的第2针中长针的顶部。

9 挑取前一行中长针顶部的2根线(从上方看的话像锁针)，针上挂线拉出。

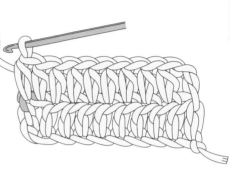

10 针上挂线，从钩针上的3个线圈中一次性引拔出。

11 1针中长针编织完成。因为立针也算针数，所以在这里已经织好了2针。

12 按照相同要领继续编织，编织终点要挑取前一行立织的2针锁针内侧和外侧的半针编织（→和P.25的步骤13的长针编织是一样的要领）。

要点

立针和针目高度

▸▸ 立针是什么？

锁针和引拔针以外的钩针针目，可以按照不同高度来区分。不同的针目有不同的行高。而且，从编织行起点开始不能编织突然有高度的针目，应首先编织和针法同样高度的锁针。

我们将这样编织的锁针称为"立针"。不同的针法对应不同的立织锁针针数，除短针以外立针均算作1针。

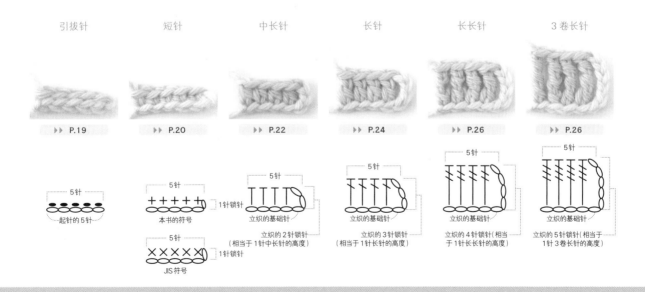

引拔针	短针	中长针	长针	长长针	3卷长针
▸▸ P.19	▸▸ P.20	▸▸ P.22	▸▸ P.24	▸▸ P.26	▸▸ P.26

下 长针

可以一次织出 3 倍于短针的高度，是很好用的编织方法。
立针(→P.23)是 3 针锁针，立针也算作 1 针。

从反面看

第 1 行

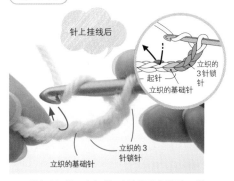

针上挂线后

立织的 3 针锁针
起针
立织的基础针

立织的 3 针锁针
立织的基础针

1 编织"起针 + 立织的 3 针"部分的锁针，针上挂线后，将钩针插入从起针边缘数起的第 2 针中(此处要挑取内侧)。

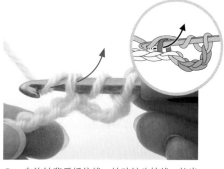

2 在钩针背后抵住线，转动针头挂线，拉出相当于 2 针锁针高度的线。

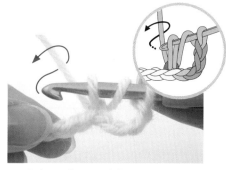

3 拉出后的情形。再次按箭头所示转动钩针(在钩针背后抵住线，转动钩针)。

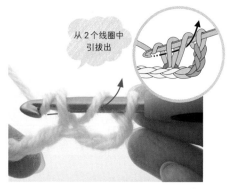

从 2 个线圈中引拔出

4 针上挂线，从钩针上的 2 个线圈中引拔出。

5 引拔后的状态。这个状态被称为"未完成的长针"。再次按箭头所示转动钩针。

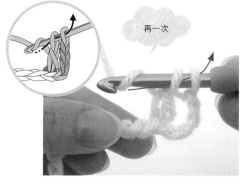

再一次

6 针上挂线，从针上剩下的 2 个线圈中一次性引拔出。

顶部
底部

7 1 针长针编织完成。因为将立针也算作 1 针(3 针锁针算作 1 针长针)，所以在这里已经织好了 2 针。继续针上挂线，重复步骤 1~6 编织。

8 第 1 行编织完成。

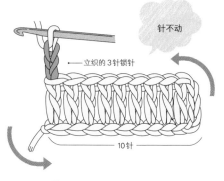

针不动

立织的 3 针锁针

10 针

9 继续立织下一行的 3 针锁针，织片右端向后翻转，将反面向上。

24

第2行 翻转织片，看着反面编织第2行。

注意不要
挑取此处

10 针上挂线，将钩针插入从前一行边缘数起的第2针长针的顶部。

11 挑取前一行长针顶部的2根线（从上方看像锁针），针上挂线拉出。

12 重复步骤3~6编织长针。因为立针也算作1针，所以在这里已经织好了2针长针。

13 在第2行编织终点，挑取前一行立织的第3针锁针的内侧和外侧半针的2根线（第1行立织的锁针朝向反面）。

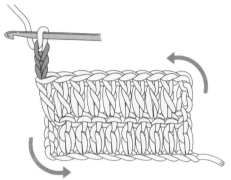

14 第2行编织完成后，继续立织下一行的3针锁针，按照和步骤9相同的要领将织片翻回正面。

行的编织终点

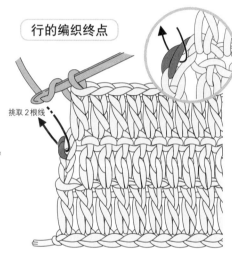

挑取2根线

15 第3行也按照相同的要领编织。在编织终点，挑取前一行立织的第3针锁针的外侧半针和内侧的2根线（第2行之后，立织的锁针均朝向正面）。

要点

注意挑针的位置！

短针以外的针目，都将立针算入针数，所以需要注意挑针的位置。
不熟练的话，就一边确认每一行的针数一边编织。

· 长针10针、5行的织片

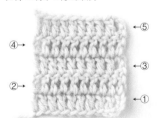

←⑤
④→
←③
②→
←①

· 加针的织片

在各行的编织起点立针的根部（基础针）上编织长针。

×=加针

· 减针的织片

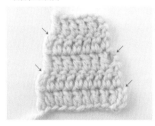

在第2行之后的编织终点，忘记挑取前一行的立针。

↓=应该挑取的针目

长长针

比长针长 1 针锁针高度的针法。在针上绕 2 圈线后编织。
"立针"(→ P.23)是 4 针锁针,立针也算作 1 针。

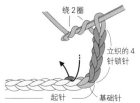
绕 2 圈
立织的 4 针锁针
起针
基础针

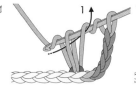
1

2

3

1 编织"起针+立织的 4 针"部分的锁针,在针上绕 2 圈线后,将钩针插入从起针边缘数起的第 2 针中。

2 针上挂线,拉出相当于 2 针锁针高度的线。

3 针上挂线,从钩针上的 2 个线圈中引拔出。

4 再次针上挂线,从钩针上的 2 个线圈中引拔出。

5 这个状态被称为"未完成的长长针"。再次针上挂线,从剩下的 2 个线圈中引拔出。

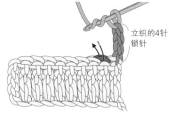
立织的 4 针锁针

6 1 针长长针编织完成。因为将立织也算作 1 针,所以在这里已经织好了 2 针。

7 下一针也在针上绕 2 圈线,重复步骤 1~6 编织。

8 第 2 行,在第 1 行的终点立织 4 针锁针,在针上绕 2 圈线后,挑取前一行第 2 针的顶部编织。

9 1 针长长针编织完成的情形。因为将立织也算作 1 针,所以在这里已经织好了 2 针。

3 卷长针

比长长针长 1 针锁针高度的针法。在针上绕 3 圈线后编织。
"立针"(→ P.23)是 5 针锁针,立针也算作 1 针。

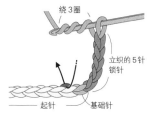
绕 3 圈
立织的 5 针锁针
起针
基础针

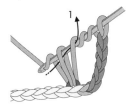
1

2 3

4

1 编织"起针+立织的 5 针"部分的锁针,在针上绕 3 圈线后,将钩针插入从起针边缘数起的第 2 针中。

2 针上挂线,拉出相当于 2 针锁针高度的线。针上挂线,从钩针上的 2 个线圈中引拔出。

3 再次针上挂线,从钩针上的 2 个线圈中引拔出。再次针上挂线,从钩针上的 2 个线圈中引拔出。

4 这个状态被称为"未完成的 3 卷长针"。再次针上挂线,从剩下的 2 个线圈中引拔出。

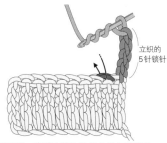
立织的 5 针锁针

5 1 针 3 卷长针编织完成。因为将立针也算作 1 针,所以在这里已经织好了 2 针。

6 下一针也在针上绕 3 圈线,重复步骤 1~5 编织。

7 第 2 行,在第 1 行的终点立织 5 针锁针,在针上绕 3 圈线后,挑取前一行第 2 针的顶部编织。

8 1 针 3 卷长针编织完成的情形。因为将立针也算作 1 针,所以在这里已经织好了 2 针。

问 & 答

开始编织时碰到的问题。
在这里一次性解决。

Q 起针多了，怎么办？

A 即使编织好第1行后也
可以拆开不要的起针。

不熟练的时候，会发生织好第1行后发现起针多了。这
种情形下，可以用拆开起点的线头来减少起针。相反，
起针数少的情况下，补织却很困难。如果担心的话，可
以多织些起针。

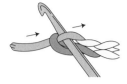

1 起针起多了。

2 看着锁针正面，拆开边缘的针目，拉出连接在线头上的线。

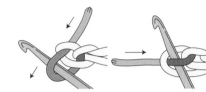
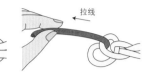

3 继续拉出连接的线。

4 一拉线头，锁针就拆开了（注意不要过度拆开起针）。

Q 中途线用完了，怎么办？

A 一边编织一边加新线。

也有将新线打结连接的方法，但是结扣较显眼，织片成
品就不漂亮了，推荐一边编织一边续线的方法。另外，
有从线球中拉出结扣的情况，只要将结扣解开或剪掉，
然后按照和续新线一样的方法处理就行了（照片中为了看
得更清楚，改变了线的颜色）。

1 针目未完成的状态，将原线从针的后侧向前面挂线，钩新线，引拔出。

2 换成了新线。

3 线头用新线编织包住比较好。

Q 织错了，怎么办？

A 拆至织错的地方，重新编织。

加入的针数多了或少了，是从编织开始就要一直关注的
事情。一旦发生了这些情况，将钩针插入织错地方的针
目顶部，拉线拆去。
当发现从编织开始就错了的话真是相当受打击。
还没熟练的话，最好就在编织过程中一行一行地确认。

1 多了1针长针。

2 将钩针插入错误的针目顶部。

3 拉线拆开。

4 回到了正确的地方。

Q 起针变形了，怎么办？

A 用稍粗一点的针起针。

从锁针起针挑取大量针目的时候，如果用和编织织片一样型号
的钩针编织的话，无论如何锁针针目都会变形。适当织得松
一些是个不错的方法，如果真的感觉困难的话，就用比编织织
片粗2号的钩针编织，这样，起针就不会变形了。

• 相同型号的钩针编织的织片

• 起针变形了

粗2号的钩针编织的织片

挑针时刚刚好

增加针目（加针）

增加针目很简单，只是在前一行的同一针目中加入重复的针目而已。

 短针1针放2针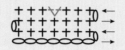

*也会表示成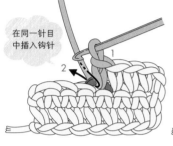

在同一针目中插入钩针

 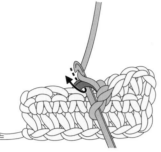 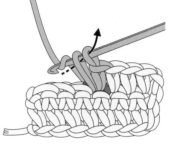 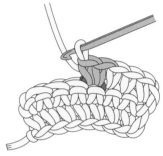

1 挑取前一行针目顶部的2根线，织1针短针，再在同一针目中插入钩针。

2 针上挂线，拉出相当于1针锁针的高度的线。

3 再织1针短针(针上挂线，从针上的2个线圈中引拔出)。

4 在同一针目中加入了2针短针(增加1针后的状态)。

 短针1针放3针

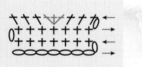 

*也会表示成

在同一针目中插入钩针

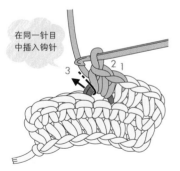 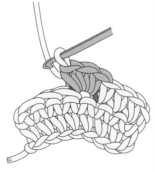

1 加入2针短针，在同一针目中再加入1针短针。

2 在同一针目中加入了3针短针(增加2针后的状态)。

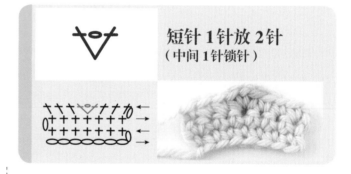 **短针1针放2针**
（中间1针锁针）

在同一针目中插入钩针

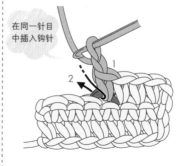 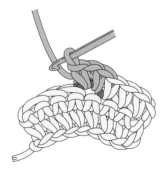

1 编织1针短针后继续编织1针锁针，在同一针目中再编织1针短针。

2 在同一针目中编织"1针短针、1针锁针、1针短针"完成后的状态(增加2针后的状态)。

V 中长针1针放2针

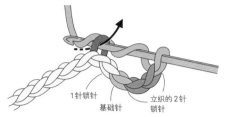

1 针上挂线，挑取前一行（这里是起针）的针目，挂线，拉出相当于2针锁针高度的线。

（1针锁针　基础针　立织的2针锁针）

2 编织中长针（针上挂线，从钩针上的全部线圈中一次性引拔出）。

3 1针中长针编织完成后，再次针上挂线，将钩针插入同一针目中。

将钩针插入同一针目中

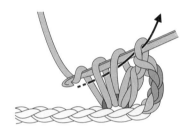

4 再编织1针中长针。

5 加入了2针中长针（增加1针后的状态），继续编织。

6 第2个中长针1针放2针编织完成后的状态。

V 中长针1针放3针

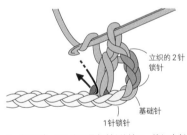

1 挑取前一行（这里是起针）的针目，编织中长针，再次针上挂线，在同一针目中插入钩针。

（立织的2针锁针　基础针　1针锁针）

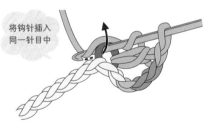

2 针上挂线，拉出，编织中长针。

将钩针插入同一针目中

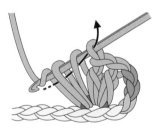

3 在同一针目中再编织1针中长针（针上挂线后，挑针，拉出线，再次挂线，从所有的线圈中一次性引拔出）。

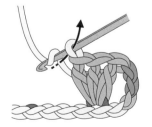

4 加入了3针中长针（增加2针后的状态），继续编织。

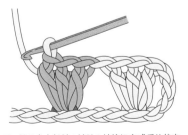

5 第2个中长针1针放3针编织完成后的状态。

 长针1针放2针

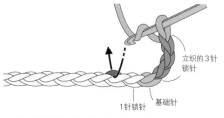  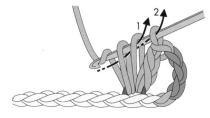

1 针上挂线后，挑取前一行(这里是起针)的针目，编织长针。

2 1针长针织好后，再次针上挂线，将钩针插入同一针目中，拉出相当于2针锁针高度的线。

3 编织长针(针上挂线，从钩针上每2个线圈1组分别引拔出)。

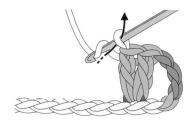 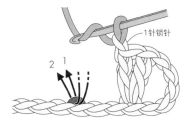 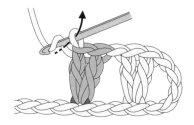

4 在同一针目中加入了2针长针(增加1针后的状态)。继续编织1针锁针。

5 跳过前一行(起针)的2针针目，织2针长针。

6 第2个长针1针放2针编织完成后的状态。继续编织。

 长针1针放2针
（中间1针锁针）

1 针上挂线后，挑取前一行(这里是起针)的针目，编织长针。

2 1针长针织好后，继续编织1针锁针。

3 针上挂线，在同一针目中再次插入钩针，拉出。

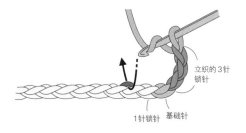  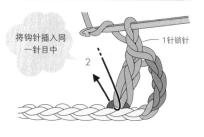

4 编织长针(针上挂线，从钩针上每2个线圈1组分别引拔出)。

5 中间加入1针锁针的长针1针放2针编织完成(增加2针后的状态)。继续编织。

6 第2个长针1针放2针(中间1针锁针)编织完成后的状态。继续编织。

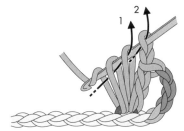  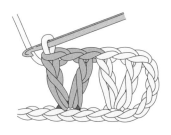

长针 1 针放 3 针

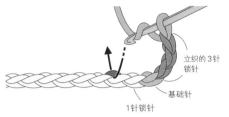

1 针上挂线后，挑取前一行（这里是起针）的针目，编织长针。

（图中标注：立织的 3 针锁针、基础针、1 针锁针）

将钩针插入同一针目中

2 1 针长针织好后，再次针上挂线，在同一针目中编织长针。

3 再次针上挂线，在同一针目中插入钩针，拉出。

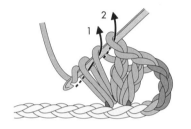

4 编织长针（针上挂线，从钩针上每 2 个线圈 1 组分别引拔出）。

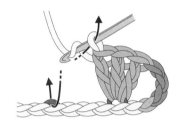

5 加入了 3 针长针（增加 2 针后的状态）。继续编织 1 针锁针，跳过前一行（起针）的 3 个针目，加入 3 针长针。

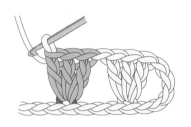

6 第 2 次的长针 1 针放 3 针编织完成后的状态。

要点

 和 的区别

▸▸ 符号图的根部紧挨着的情况

将钩针插入前一行的 1 针中编织。无论什么针法，无论有几针，这一点都是相同的。符号图的根部紧贴着的针目表示将要加入的针目。

   ... ...

分开前一行的锁针加入 3 针长针的情形

※ "分开针目" 就是说将钩针插入针目中。主要表示挑取锁针的半针和内侧，当然也有将钩针插入针目底部，挑取 2 根线的情形。

▸▸ 符号图的根部分开的情况

整段挑取前一行锁针的线圈编织。无论哪种针法，即使针数不同，要领也相同。

   ... ...

整段挑取加入 3 针长针的情形

"整段" 指的是什么？

"在整段上编织"、"整段挑取" 中的 "整段" 主要是说将钩针插入前一行锁针下方的空隙中，挑取全部针目编织。这是钩针编织中经常会出现的表达，所以一定要记住哦。

减少针目（减针）

减少针目需要一点点功夫。编织过程中，用将同样的针目（未完成的针目）集中于1针的方式来减少针目。

 ### 短针2针并1针

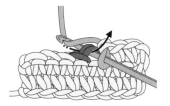

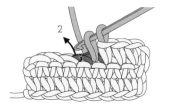

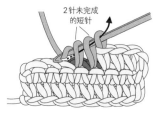

1 挑取前一行针目顶部的2根线，将钩针插入，挂线后拉出。

2 拉出相当于1针锁针高度的线（这种状态被称为"未完成的短针"），继续将钩针插入下一针目中，拉出线。

3 保持2针未完成的短针的状态，挂线，从钩针上的3个线圈中一次性引拔出。

4 2针变成1针，短针2针并1针编织完成（减少了1针的状态）。

 ### 短针3针并1针

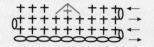

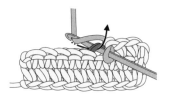

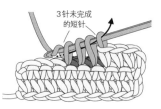

1 挑取前一行针目顶部的2根线，将钩针插入，挂线拉出。

2 拉出相当于1针锁针高度的线（未完成的短针），继续将钩针插入接下来的2针中，拉出线。

3 保持3针未完成的短针的状态，挂线，从钩针上的4个线圈中一次性引拔出。

4 3针变成1针，短针3针并1针编织完成（减少了2针的状态）。

 ### 短针3针并1针（跳过中央的针目）

短针针目较短，所以，即使中央的针目不编织，看上去针目也没什么不同，完成后看起来薄一些。

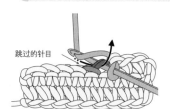

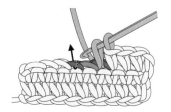

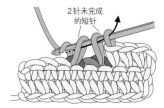

1 挑取前一行针目顶部的2根线，将钩针插入，挂线拉出。

2 拉出相当于1针锁针高度的线（未完成的短针），跳过下一针，将钩针插入第3针中，拉出线。

3 保持2针未完成的短针的状态，挂线，从钩针上的3个线圈中一次性引拔出。

4 前一行的3针变成了1针，短针3针并1针（跳过中央的针目）编织完成（减少了2针的状态）。

中长针 2 针并 1 针

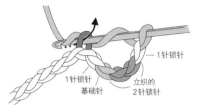

1 挂线后，将钩针插入前一行（这里是起针），拉出相当于 2 针锁针高度的线。

1针锁针
1针锁针
立织的 2针锁针
基础针

2 这个状态被称为"未完成的中长针"。再挂线，挑取下一针。

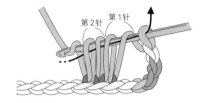

3 拉出相当于 2 针锁针高度的线（第 2 针未完成的中长针），挂线，从针上的 5 个线圈中一次性引拔出。

第2针 第1针

4 2 针变成了 1 针，中长针 2 针并 1 针编织完成（减了 1 针的状态）。继续编织。

5 挂线，重复编织步骤 1~3。

2针锁针 顶部
1针锁针

6 第 2 个中长针 2 针并 1 针编织完成后的状态。

中长针 3 针并 1 针

1 挂线后，将钩针插入前一行（这里是起针），拉出相当于 2 针锁针高度的线。

基础针
1针锁针
立织的 2针锁针

2 这个状态被称为"未完成的中长针"。再挂线，在箭头所示的针目中编织 2 针未完成的中长针。

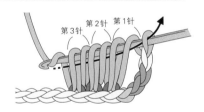

3 3 针未完成的中长针织好后，挂线，从针上的 7 个线圈中一次性引拔出。

第3针 第2针 第1针

4 3 针变成了 1 针，3 针中长针并 1 针编织完成（减了 2 针的状态）。继续编织。

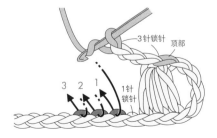

5 挂线，重复编织步骤 1~3。

3针锁针 顶部
1针锁针

6 第 2 个中长针 3 针并 1 针编织完成后的状态。编织下一针目，使之稳固。

长针2针并1针

1 针上挂线后，将钩针插入前一行（这里是起针）的针目。

2 拉出相当于2针锁针高度的线，挂线，从针上的2个线圈中引拔出。

3 这个状态被称为"未完成的长针"。针上挂线，将钩针插入下一针目中。

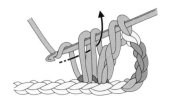

4 拉出，挂线，从2个线圈中引拔出，再编织1针未完成的长针。

5 针上挂线，从针上的3个线圈中一次性引拔出。

6 2针变成了1针，长针2针并1针编织完成（减了1针的状态）。

7 继续编织2针锁针，重复编织步骤1~6。

8 第2个长针2针并1针编织完成后的状态。

 长针3针并1针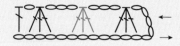

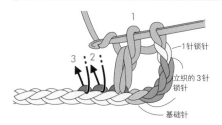

1 编织1针未完成的长针，针上挂线，将钩针插入下一针目。

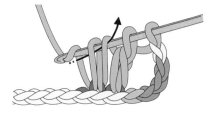

2 编织未完成的长针（拉出，针上挂线，从2个线圈中引拔出）。

3 在下一个针目中也编织未完成的长针，挂线，从针上的4个线圈中一次性引拔出。

4 3针变成了1针，长针3针并1针编织完成（减了2针的状态）。继续编织。

5 继续编织3针锁针，重复编织步骤1~3。

6 第2个长针3针并1针编织完成后的状态。

枣形针

将"加针"和"○针并1针"组合起来编织，可以织出饱满蓬松的针目，这种针法被称为"枣形针"。

 长针3针的枣形针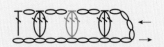

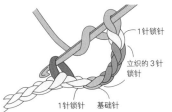

1 针上挂线后，将钩针插入前一行（这里是起针）的针目中。

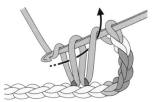

2 拉出相当于2针锁针高度的线，针上挂线，从2个线圈中引拔出（未完成的长针）。

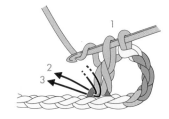

3 长针保持未完成的状态，针上挂线，在同一针目中再编织2针未完成的长针。

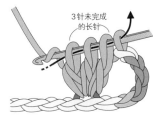

4 3针未完成的长针织好后，针上挂线，从针上的4个线圈中一次性引拔出。

4 长针3针的枣形针编织完成。

5 继续编织。

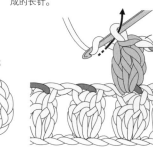

6 编织下一行时，挑取前一行枣形针的顶部。从反面看，顶部位于左边，请注意不要弄错了。

 中长针3针的枣形针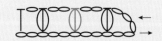

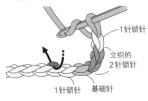

1 针上挂线后，将钩针插入前一行（这里是起针）的针目中。

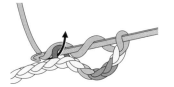

2 针上挂线，拉出相当于2针锁针高度的线（未完成的中长针）。

3 中长针保持未完成的状态，针上挂线，同样地拉出2次线。

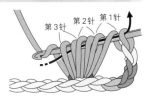

4 3针未完成的中长针织好后，针上挂线，从针上的7个线圈中一次性引拔出。

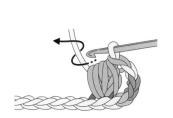

5 中长针3针的枣形针编织完成。编织下一针，使针目稳固。

6 按照相同要领继续编织。枣形针顶部和底部的部分要错开着编织完成。

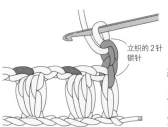 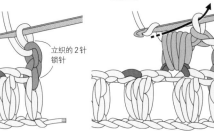

7 编织下一行时，挑取前一行枣形针的顶部。从反面看，顶部位于左边，请注意不要弄错了。

变形的中长针3针的枣形针

1 针上挂线后，将钩针插入前一行（这里是起针）的针目。

2 针上挂线，拉出相当于2针锁针高度的线（未完成的中长针），再次挂线，同样拉出2次线。

3 3针未完成的中长针织好后，针上挂线，从针上的6个线圈中引拔出（剩最右边的1个线圈）。

4 再次针上挂线，从剩下的2个线圈中引拔出。

5 变形的中长针3针的枣形针编织完成。继续编织。

6 重复步骤1~4，按照相同要领编织。枣形针的顶部要错开编织。

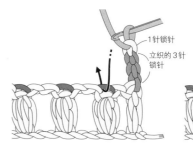

7 编织下一行时，挑取变形的中长针3针的枣形针的顶部。枣形针的底部和顶部是错开的，所以在前一行正上方排列着枣形针。

 要点

2针以上的枣形针

重复编织未完成的针目，并将这些针目集中于1针的编织方法，被称为枣形针编织。织枣形针的针数不只是3针，也有2针的枣形针。编织的要领，和P.35 3针的枣形针一样。针数再多，也按照相同要领编织。

 ## 长针2针的枣形针

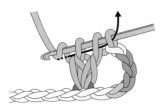

1 编织2针未完成的长针，针上挂线，从所有线圈中一次性引拔出。

2 长针2针的枣形针编织完成。

 ## 长针5针的枣形针

1 编织5针未完成的长针，针上挂线，从针上的6个线圈中一次性引拔出。

2 长针5针的枣形针编织完成。

枣形针的组合

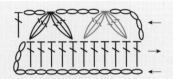

长针3针的枣形针的2针并1针

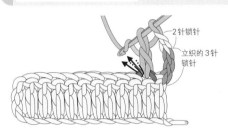

1 挑取前一行的针目，编织未完成的长针，继续挂线，在同一针目中再编织2针未完成的长针。

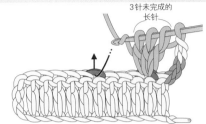

2 3针未完成的长针编织完成后，针上挂线，跳过前一行的3针，挑针。

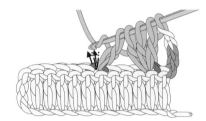

3 编织未完成的长针，再在同一针目中编织2针未完成的长针。

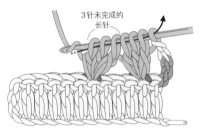

4 左侧也织好3针未完成的长针后，针上挂线，从针上的所有线圈（7个）中一次性引拔出。

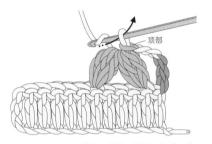

5 长针3针的枣形针的2针并1针编织完成。编织下一个锁针，使针目稳固。针目顶部位于右边。

6 继续编织。

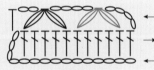

中长针3针的枣形针的2针并1针

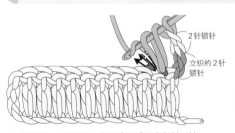

1 挑取前一行的针目，编织未完成的中长针，针上挂线，在同一针目中再编织2针未完成的中长针。

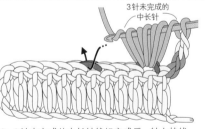

2 3针未完成的中长针编织完成后，针上挂线，跳过前一行的3针，挑针。

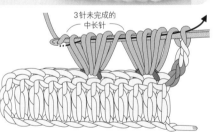

3 左侧也织好3针未完成的中长针后，针上挂线，从所有线圈（13个）中一次性引拔出。

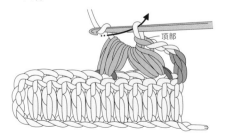

4 中长针3针的枣形针的2针并1针编织完成。编织下一个锁针，使针目稳固。针目顶部位于右边。

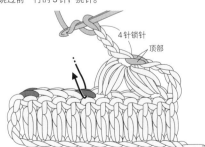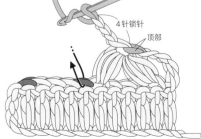

5 继续编织。

小贴士

编织出漂亮成品的关键

织枣形针时，尽可能地将未完成的针目的长度保持一致。

爆米花针

它和枣形针相似，形状就像爆米花一样，但更加立体、饱满。在正面和反面改变插入钩针的方法，针目就会在正面鼓出。

 长针5针的爆米花针

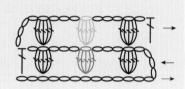

1行

2行

第1行（正面）

1针锁针
立织的3针锁针
1针锁针
基础针

1 在前一行（这里是起针）的同一针目中织入5针长针，取下钩针，将钩针上的针目保持原样（留针），从前面将钩针插入第1针长针的顶部。

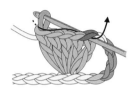

2 将留针的针目穿过第1针拉出。

3 不放松拉出后的针目，再编织1针锁针，拉紧。

3针锁针
拉紧后的针目（顶部）

4 针目在前面鼓出，步骤3中编织的锁针成了爆米花针的顶部。继续编织。

第2行（反面）

1针锁针
立织的3针锁针

5 针上挂线，将钩针插入前一行爆米花针顶部（步骤4中拉紧的针目）中。

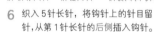

6 织入5针长针，将钩针上的针目留针，从第1针长针的后侧插入钩针。

7 将留针的针目穿过第1针拉出。

8 编织1针锁针，拉紧针目，继续编织。针目在后侧鼓出。

 中长针5针的爆米花针

编织要领相同。

第1行

第2行

第1行（正面）

1针锁针
立织的2针锁针
基础针
1针锁针

1 在前一行（这里是起针）的1针中织入5针中长针，取下钩针，将钩针上的针目保持原样（留针），从前面将钩针插入第1针中长针的顶部，将留针的针目穿过第1针拉出。

2 不放松拉出后的针目，再编织1针锁针，拉紧。

3针锁针
拉紧后的针目（顶部）

3 针目在前面鼓出，步骤2中编织的锁针成了爆米花针的顶部。继续编织。

第2行（反面）

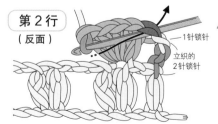

1针锁针
立织的2针锁针

4 在前一行爆米花针的顶部（步骤2的锁针）织入5针中长针。将钩针上的针目留针，从第1针中长针的后侧插入钩针。将留针的针目穿过第1针拉出。

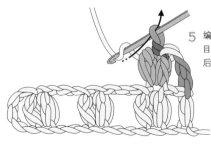

5 编织1针锁针，拉紧针目，继续编织。针目在后侧鼓出。

拉针

只是入针位置不同，编织方法和平常一样（如同穿过针目符号中倒勾部分的针目一样插入钩针编织）。因为是将下面的针目拉起来编织，所以是立体的针目。

 短针的正拉针

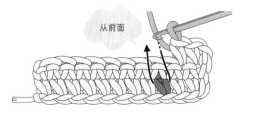

1　挑取前两行针目底部的整体，从前面插入钩针。

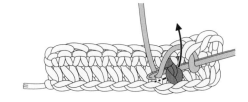

2　针上挂线，长长地拉出。

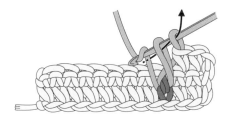

3　针上挂线，从针上的2个线圈中引拔出（编织短针）。

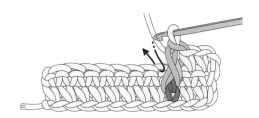

4　短针的正拉针编织完成。针目在正面鼓出。下一针跳过前一行的1针编织。

 短针的反拉针

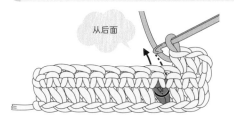

1　挑取前两行的针目底部的整体，从后面插入钩针。

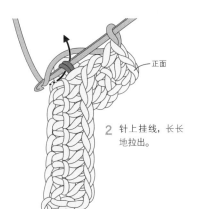

2　针上挂线，长长地拉出。

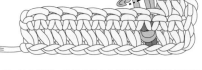

3　针上挂线，从针上的2个线圈中引拔出（编织短针）。

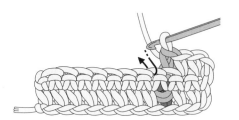

4　短针的反拉针编织完成。针目在反侧鼓出。下一针跳过前一行的1针编织。

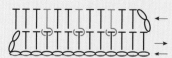 **中长针的正拉针**

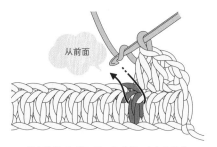

1 针上挂线后，挑取前一行的针目底部的整体，从前面插入钩针。

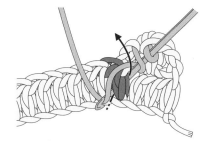

2 针上挂线，长长地拉出。

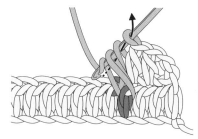

3 针上挂线，从针上的所有线圈中一次性引拔出（编织中长针）。

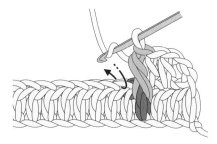

4 中长针的正拉针编织完成。针目在正面鼓出。下一针跳过前一行顶部的1针编织。

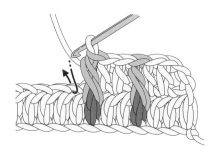

5 第2个中长针的正拉针编织完成的情形。

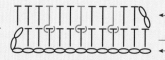 **中长针的反拉针**

1 针上挂线后，挑取前一行的针目底部的整体，从后面插入钩针。

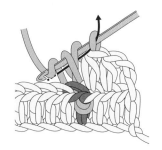

2 针上挂线，长长地拉出。针上挂线，从针上的所有线圈中一次性引拔出（编织中长针）。

3 中长针的反拉针编织完成。针目在反面鼓出。下一针跳过前一行顶部的1针编织。

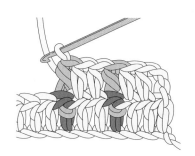

4 第2个中长针的反拉针编织完成的情形。

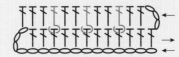 

长针的正拉针

1 针上挂线后，挑取前一行的针目底部的整体，从前面插入钩针。

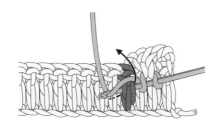

2 针上挂线，长长地拉出。

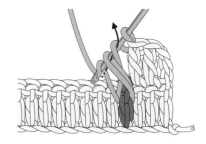

3 针上挂线，从针上的2个线圈中引拔出。

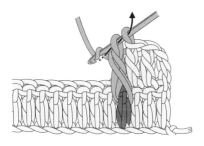

4 再次针上挂线，从剩下的2个线圈中引拔出（编织长针）。

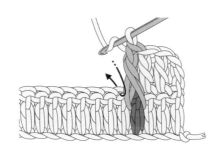

5 长针的正拉针编织完成。针目在正面鼓出。下一针跳过前一行顶部的1针编织。

长针的反拉针

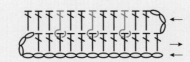 

1 针上挂线后，挑取前一行的针目底部的整体，从后侧插入钩针。

2 针上挂线，长长地拉出。针上挂线，从针上的2个线圈中引拔出。

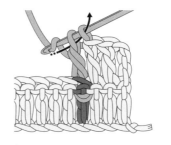

3 再次针上挂线，从剩下的2个线圈中引拔出（编织长针）。

4 长针的反拉针编织完成。针目在反面鼓出。下一针跳过前一行顶部的1针编织。

菱形针、条纹针

只要在挑针方法上动脑筋，即使是相同的针目也可以做出变化。

 短针的菱形针

一行一行地挑取顶部后面的半针，往返编织。织片上会出现凹凸不平的状态，如同菱形一般，所以被称为菱形针。

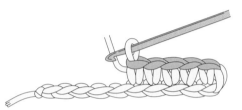

1 第1行编织短针。

2 第1行编织好后，立织第2行的1针锁针。翻转织片。

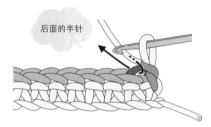

后面的半针

3 将钩针插入前一行边缘短针顶部的后面半针中。

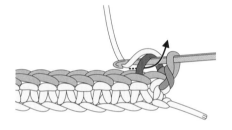

4 拉出线。

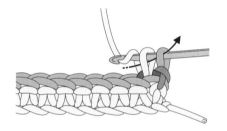

5 针上挂线，从2个线圈中引拔出（编织短针）。

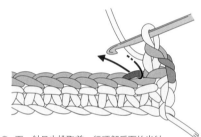

6 下一针目也挑取前一行顶部后面的半针。

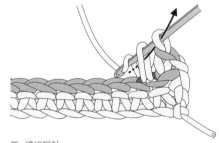

7 编织短针。

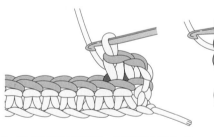

8 第2针编织完成的情形。按照相同的要领，挑取前一行顶部后面的半针，继续编织。

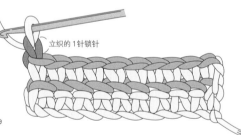

立织的1针锁针

9 第2行织好后，立织第3行的1针锁针。翻转织片。

正面、反面都是后面的半针

10 第3行也和第2行一样挑取前一行顶部后面的半针，编织短针。

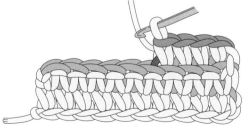

11 4针编织完成的情形。

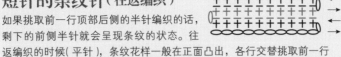

短针的条纹针（往返编织）

如果挑取前一行顶部后侧的半针编织的话，剩下的前侧半针就会呈现条纹的状态。往返编织的时候（平针），条纹花样一般在正面凸出，各行交替挑取前一行顶部的半针和前侧的半针编织。

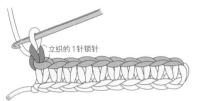

1 第1行编织短针，立织第2行的1针锁针后，翻转织片。

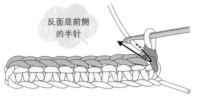

反面是前侧的半针

2 第2行看着反面编织。挑取前一行边缘针目顶部前侧的半针。

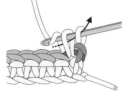

3 编织短针。

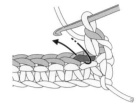

4 接下来，下一针也挑取前侧的半针，编织短针。

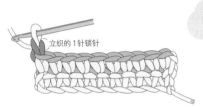

5 第2行织好后，立织第3行的1针锁针。翻转织片。

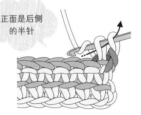

正面是后侧的半针

6 第3行看着正面编织。挑取前一行边缘针目顶部后侧的半针，编织短针。

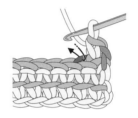

7 接下来，下一针也挑取后侧的半针，编织短针。

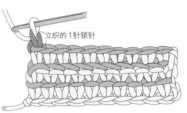

8 第3行织好后，立织第4行的1针锁针。翻转织片。编织正面剩下针目顶部的半针。

短针的条纹针（环形编织）

环形编织时，正面向上，挑取前一行后侧的半针编织。

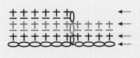

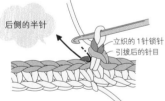

后侧的半针

1 短针编织1圈后，在第1针短针顶部锁针上引拔出。接着立织第2行的1针锁针，挑取前一行第1针短针顶部后侧的半针。

2 编织短针。

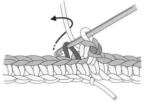

3 接下来，下一针也挑取后侧的半针，编织短针。

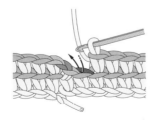

4 按照相同的要领，挑取后侧的半针，编织1圈短针。

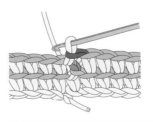

5 第2行的终点也要在第1针短针顶部的锁针上引拔出。

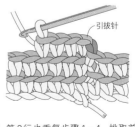

6 第3行也重复步骤1~4，挑取前一行后侧的半针，继续编织。

※即使是相同的符号，也要按照编织方向和编织方法的标注区别使用。

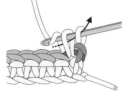

中长针的条纹针 （环形编织）

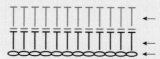

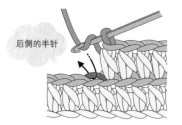

后侧的半针

1 针上挂线后，挑取前一行顶部后侧的半针。

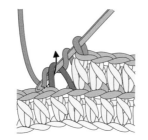

2 拉出线。

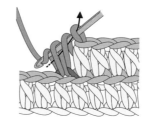

3 针上挂线，从针上的3个线圈中一次性引拔出（编织中长针）。

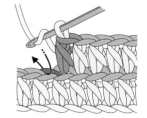

4 按照相同的要领继续编织。

长针的条纹针 （环形编织）

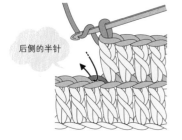

后侧的半针

1 针上挂线后，挑取前一行顶部后侧的半针。

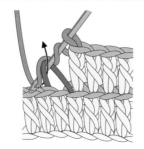

2 拉出线。

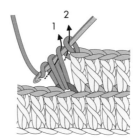

3 针上挂线，从针上的2个线圈中引拔出，再次针上挂线，从针上剩下的2个线圈中引拔出（编织长针）。

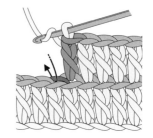

4 按照相同的要领继续编织。

要点

菱形针与条纹针的区别

菱形针与条纹针的针法名称虽不同，却是用相同的针法符号（±）表示的。织片正面像菱形一样呈凹凸状的是菱形针，每行有条纹凸出的是条纹针。无论哪种编织方法都是挑取前一行针目顶部的半针，不过是一个在前侧，一个在后侧。

短针的菱形针

凹
凸
凹

• 短针的条纹针

条纹

反短针

反短针和一般的短针编织方向相反，是从左向右编织的。此针法经常用于最终行的收边。

 反短针

织片方向保持原样，一边从左向右返回一边编织。

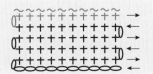

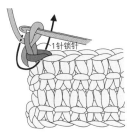

1 立织1针锁针，按箭头所示转动钩针，挑取前一行边缘针目的顶部。

2 从线的上方挂线，保持原样拉到前面。

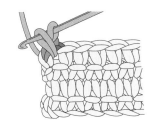

3 拉出线后的情形。

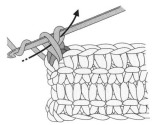

4 针上挂线，从针上的2个线圈中引拔出(短针)。

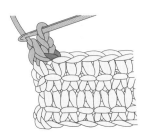

5 1针反短针编织完成。

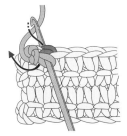

6 下一针也像步骤1中一样转动针头，挑取前一行的右边下一针目的顶部，插入钩针，从线的上方挂线，拉到前面。

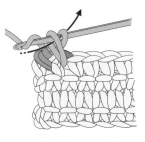

7 针上挂线，从针上的2个线圈中引拔出(短针)。

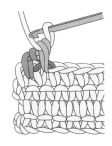

8 2针编织完成。重复步骤6、7，从左向右继续编织。

 要点

针目斜行的情况

针目顶部一般偏向底部的右上方。因此，环形编织等在同一方向上编织的情况下，下一行要稍稍向右边错开。一直用相同的针目朝同一方向连续编织的话，每一行的针目都会一点一点地斜斜地错开的(被称为斜行)。这是针目的特征，无法避免。为了消除这种情况，环形编织时，要在每一行改变编织的方向，往返编织。

• 短针

• 长针

 **交叉针** 在挑针方法上动脑筋，使2个针目交叉。

 长针1针交叉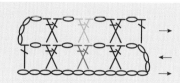

 1行  2行

第1行

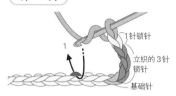

1 针上挂线，挑取前一行（这里是起针）的针目，编织长针。

2 针上挂线，按箭头所示，挑取前面的针目，插入钩针，

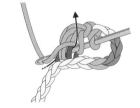

3 像包住前面的长针那样拉出线。

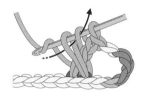

4 针上挂线，从2个线圈中引拔出。

5 再次挂线，从2个线圈中引拔出（编织长针）。

6 长针1针交叉编织完成。继续编织。

7 交叉的针目，挑取前面的针目，像包住前面的长针那样编织长针。

第2行

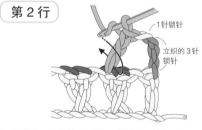

8 挑取前一行的针目，编织1针长针，挂线后挑取前面的针目。

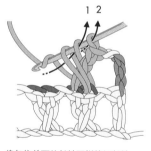

9 像包住前面的长针那样编织长针。

10 长针1针交叉编织完成。编织方法上，没有正面、反面的区别，反面的行也一样编织，所以往返编织时，每一行的交叉方向都相反。

 变形的长针1针交叉 （左上）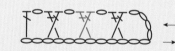

第1行

1 在指定位置编织长针。针上挂线，按箭头所示从前面（左）长针的后侧将钩针插入前面的针目中。

2 在前面长针的后侧拉出线。

3 针上挂线，每次2个线圈为1组分别引拔出，编织长针。左边的长针位于交叉针的上方。

4 变形的长针1针交叉（左上）编织完成。

第2行

5 继续编织。编织方法上，没有正面、反面的区别，因为没有将针目包起来交叉，所以交叉方向总是相同的。

狗牙拉针（装饰编织）

在锁针的编织上动脑筋，编出圆圆的装饰（狗牙拉针）。这里编织了3针锁针，无论有几针锁针，要领都是一样的。

 ## 锁针3针的狗牙拉针
（在短针上编织）

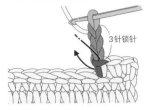

1 在短针上连续编织3针锁针，挑取短针顶部前面的半针和底部的1根线。

2 针上挂线，引拔出。

3 锁针3针的狗牙拉针编织完成。继续编织。

4 接下来的短针编织完成的情形。

 ## 锁针3针的狗牙拉针
（在长针上编织）

1 在长针上连续编织3针锁针，挑取长针顶部前面的半针和底部的1根线。

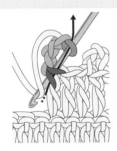

2 针上挂线，引拔出。

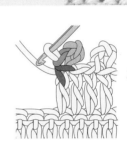

3 在长针顶部编织的锁针3针的狗牙拉针编织完成。

 ## 锁针3针的狗牙拉针
（在锁针上编织）

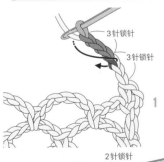

1 在锁针上连续编织3针锁针，挑取狗牙拉针前面的锁针的半针和内侧。

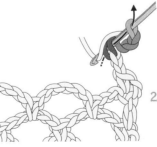

2 针上挂线，引拔出。

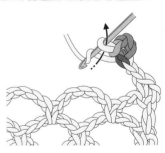

3 锁针上的锁针3针的狗牙拉针编织完成。继续编织锁针。

4 继续编织锁针和短针。

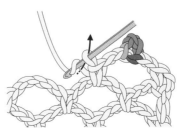

5 锁针网眼中央的锁针3针的狗牙拉针编织完成。

第 3 章

起针和环形编织起点

起针就是将针目织在上面的基础针。锁针以外的编织方法，没有起针等基础针的话就无法编织。
环形编织有几种起针方法。

编织锁针作为起针（锁针起针）

编织必要数量的锁针。
第1行就挑取锁针编织。

将反面凸起部分称为
"内侧"

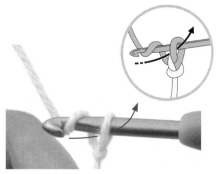

1 针上挂线，从线圈中拉出。

2 编织必要针数的锁针（编织6针的情形）。

要点

各种锁针的挑针方法

编织锁针作为起针的情况下，有3种挑针方法。
这些方法有各自不同的特征，要记住它们的区别。没有指定的情况下，按照自己的喜好选择。

▸▸ 挑取锁针内侧	▸▸ 挑取锁针的半针和内侧	▸▸ 挑取锁针的半针

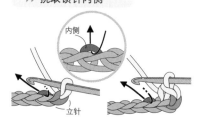

这种挑针方法稍稍有点麻烦，但是保留了锁针正面针目的状态，所以成品较漂亮。此方法适用于之后不必收边等操作的情况。因为内侧和正面的针目稍稍错开，能够看到，所以要注意别将挑针位置搞错。

挑针容易，织片牢固，给人以安定感。此方法适用于镂空花样、跳过几针起针挑取和用细线编织时。因为挑取了2根线，所以起针位置稍稍有些厚。

挑取位置很容易找到，挑针的位置也很清晰。此方法适用于想让起针有伸缩性和从起针两侧开始挑出时。但是，由于挑取的是不稳定的半针，所以容易被拉长，出现间隙。

挑取锁针起针的两侧编织时

（织成椭圆形）

环形编织时，不织成正圆形而织成椭圆形时，都是将锁针作为起针，挑取两侧。

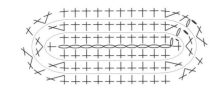

第 1 圈

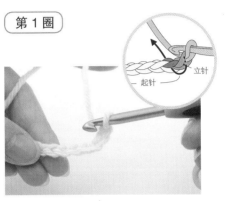

1　编织"起针 + 立织的 1 针"部分的锁针，在起针边缘的针目中插入钩针，挑取锁针的半针和内侧编织短针。

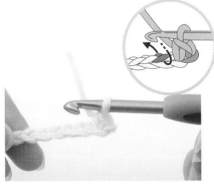

2　1 针短针编织完成。继续挑取半针和内侧编织。

3　织到左端后，再在同一处织入 2 针短针。

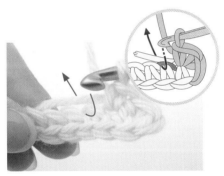

4　从起针的另一侧开始挑针编织。挑取起针剩下的半针的线，一边包住线头一边编织短针。

5　在另一侧边缘的针目上织入 2 针短针。

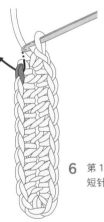

6　第 1 圈结束时，在第 1 针短针的顶部引拔出。

第 2 圈

7　立织 1 针锁针，在和步骤 6 一样的地方编织短针（织入 2 针，加针）。

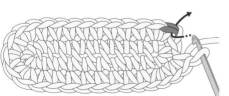

8　一边看符号图，一边在椭圆的两端加针，绕 1 圈编织，在第 1 针短针的顶部引拔出。

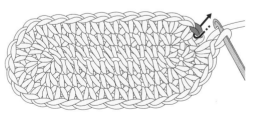

9　第 3 圈也按照相同要领编织。编织结束时，在第 1 针短针的顶部引拔出。

环形的编织起点

从中心开始编织，有几种环形编织的开始(起针)方法。

环形起针·1 环
(在手指上绕线成环的方法)

牢牢地拉紧中心，是经常使用的方法。
这里将一边在线环上编织短针一边织成环形的方法做一下说明。

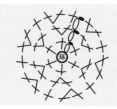

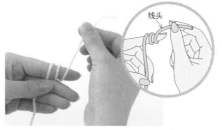

1 在左手食指上绕2圈线。

2 捏住交叉点，从手指上抽出，使绕好的线环不变形。

3 换左手拿线环，将线团侧的线挂在食指上(参照P.10)，将钩针插入线环中，挂线。

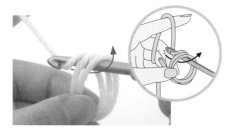

4 从线环中拉出线。

5 再挂线引拔出。

6 线环上的1针编织完成(此针不算作针数)。到此处为止都是线环的编织起点(环形起针)，编织短针以外的针目时都是一样起针。

第1圈 织入6针短针。

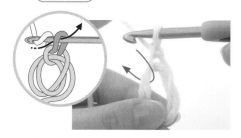

7 针上挂线，引拔出，立织锁针。继续在线环中插入钩针。

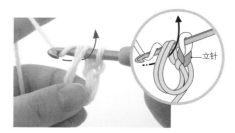

8 针上挂线，拉出。

9 针上挂线，从2个线圈中引拔出。

10 1针短针编织完成。继续同样在线环中插入钩针，编织短针。

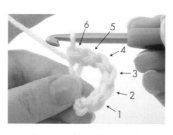

11 第1圈的6针短针编织完成。

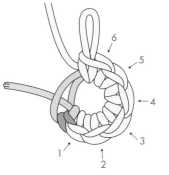

拉紧中心线环 第1圈织好后，拉紧中心线环。拉紧的方法有技巧，请注意。

暂时取下钩针也没关系。这时，不要拆开针目，要拉长针目

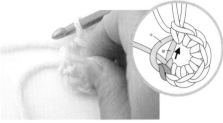

12 稍稍拉一下线头，线环的2根线的内部，有一侧是活动的（•）。这是离线头较近的线环的线。

13 用手拉活动一方的线，首先收紧距离线头远的一方的线环（＊）（剩下拉过一方的线环）。

14 拉线头，这次离线头近的一方的线环（•）绷紧了。

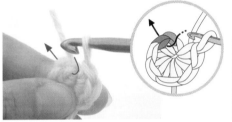

15 线环收缩了。第1圈的终点在第1针短针上引拔出。挑取顶部的2根线。

16 针上挂线，引拔出。此时线头也挂在针上，一起引拔出。

17 第1圈编织完成。

第2圈 从第2圈开始一边加针一边编织。加针的方法较简单，所以要稳稳地编织。

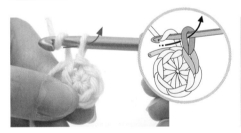

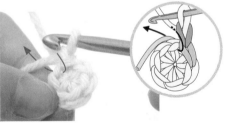

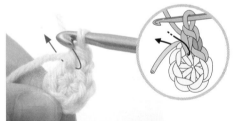

18 继续立织1针锁针。

19 将钩针插入前一圈第1针（和步骤15相同的针目）的顶部，编织短针（一起穿过线头，编织包住）。

20 在同一针目中再编织1针短针。

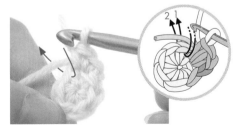

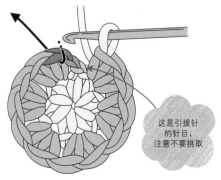

21 在相同的位置织2针短针，增加了1针。按照相同的要领，在前一行的每针短针中各织2针短针。

22 第2圈（增加至12针）的终点，挑取第1针短针顶部的2根线，引拔出。

这是引拔针的针目，注意不要挑取

第3圈 每隔1针加1针编织。

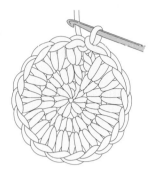

23 继续立织第3行的1针锁针，在前一圈的第1针(和步骤22一样的针目)上编织短针。

24 下一针织2针短针(加针)。

25 织2针短针后的情形。按照相同的要领，每隔1针就加1针编织。

26 第3圈的编织终点，也在第1针短针的顶部引拔出(针数为18针)。

环形起针·2(将线头做成环形的方法) 环

也有这样的方法

这是一种比较简单的方法，中心容易松，所以要处理好线。这种方法适用于用马海毛等容易缠绕的线编织。

第1圈

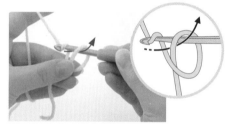

1 像编织锁针一样将钩针放在线的后侧，转动针头，制作线环。

2 捏住线环的交叉点，针上挂线，引拔出(锁针边缘的起针要领)。

3 不拉紧线环，保持松弛的状态，立织1针锁针。

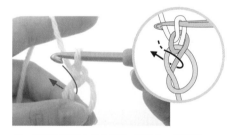

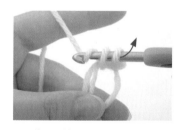

4 继续在线环中插入钩针，线头也一起挑取。

5 针上挂线后拉出。

6 编织短针。

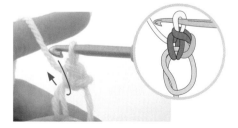

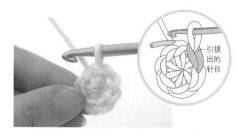

7 1针短针编织完成。继续按照和P.50的步骤10一样的要领编织。

8 编织好必要的针数(这里是6针短针)，拉线头，拉紧线环。中心比P.50的起针更容易拉紧。

9 从这里开始按照和P.51的步骤15一样的要领编织。在第1针短针上引拔出。第1圈编织完成。

无立针地织成漩涡状

用短针织成圆形的时候，可以在每圈的起点处不编织立针，一圈圈地织成漩涡状。因为没有立针，所以每圈的交界处都不明显，可以很自然地完成，但是也容易忘记编织位置，在编织的同时要做记号。

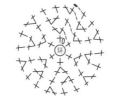

第 1 圈

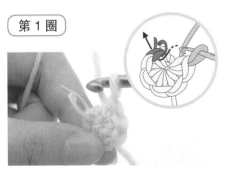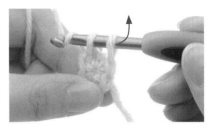

1 从编织起点开始到第 1 圈和 P.50、51 的步骤 1~14 一样编织，在第 1 针顶部装上行数环作为记号。挑取做了记号的针目。

2 针上挂线，拉出。

3 编织短针。

第 2 圈

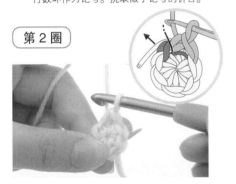

4 在同一处再织入 1 针短针，增加针目（线头也一起编织包住）。

5 在第 1 圈的每针中各织 2 针短针，一边加针一边编织。

6 在第 2 圈的第 1 针上编织短针，移动行数环。之后的编织，行数环在每一行都要移至第 1 针。

要点

使环形编织终点更漂亮的方法

最终行的编织终点，在那一行的第 1 针上引拔出也不错，但是有更好的方法。尤其是在没有立织的情况下，最后会有行差，所以用此方法可以较好地完成，让行差不那么明显。

保留 10cm 左右的线，剪断

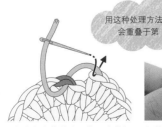

用这种处理方法制作出的锁针会重叠于第 1 针的顶部

1 最后一针织好后，保持原样，拉线，拉长针上的线环，剪断。

2 将线穿在缝针上，挑取当前行的第 2 针顶部的 2 根线，返回至最后短针的顶部。

3 拉线至 1 针锁针的高度，使之自然连接。

为了注明编织行，装上行数环

在这张图片中，各编织行的第 1 针短针反面都装上了行数环。不用行数环，用别的线做记号也可以。编织时要勤动脑筋，不要找不到行的交界处。

环形锁针起针

因为要将锁针织好后做成环形，所以编织起点要做牢固些。
这是在第1圈加入大量针目时经常使用的方法。
中心呈现开孔的状态。

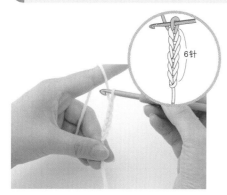

1 编织必要的锁针针数（这里是6针）。

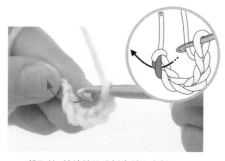

2 挑取第1针锁针的外侧半针和内侧。

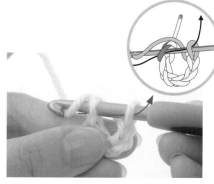

3 针上挂线，引拔出。

4 锁针呈线状，起针完成。

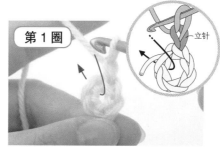

第1圈

5 立织1针锁针，接着在锁针环中插入钩针，线头也一起挑取。

6 针上挂线拉出。

7 编织短针。

8 1针短针编织完成。按照相同的要领在锁针环中插入钩针，编织短针（12针）。

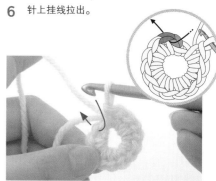

9 编织终点，挑取第1针短针顶部的2根线，插入钩针。

10 针上挂线，引拔出。

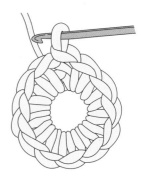

11 第1圈编织完成。

织成筒状

织帽子等筒状作品时使用的方法。

1 编织必要针数的锁针。

2 注意不要让锁针扭转，挑取第1针的内侧。

3 针上挂线，引拔出。

4 锁针呈现环状。

第 1 圈

5 继续立织锁针（因为这里编织短针，所以立织1针锁针）。

6 在和步骤2一样的地方插入，针上挂线，编织短针。

7 继续挑取锁针内侧编织。

8 编织好5针短针的情形。

9 第1圈织好后，在第1针短针顶部的2根线中插入钩针。

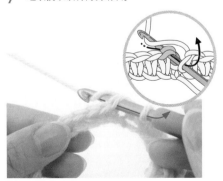

10 针上挂线，引拔出。

11 第1圈编织完成。接着立织第2圈的锁针，继续编织成筒状。

想要了解的技法

介绍在实际编织作品时的必要的技法。
如线头的处理、花片的连接方法等常用技法。

编织终点和线头的处理

编织终点处线头的固定方法

不解开线头。

1 最后一针织好后，保持原样拉线，扩大针上的线环。

2 保留5cm长的线头，剪断。

3 将线头穿过扩大后的线环中。

4 拉线头，拉紧线环。

线头的处理方法

线头穿入缝针，在织片中不显眼地穿过。

▶ 在反面穿过

有正反面的作品，要将线头在反面拉出3～4cm，再穿线。

编织终点侧

编织起点侧

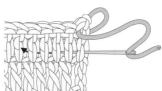

▶ 在边缘穿过

看得到反面的作品，要在边缘的针目中穿过比较好。

编织终点侧

编织起点侧

注意不要剪断织片

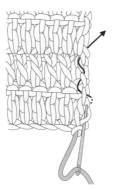

线头处理完成后，在织片边缘剪断。

绒球的制作方法

作为饰物固定在编织帽的顶部、围巾的边缘等地方。

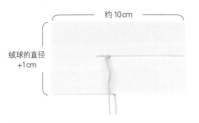

1 根据制作绒球的大小裁剪厚纸，在纸上剪开口。在开口中夹入约40cm的线。

2 在步骤1的开口部分绕上指定圈数的线。

3 用夹入的线将中央扎起来。再次绕上，扎紧。

4 从厚纸上取下，剪断线环。另一侧也同样剪断线环。

5 呈球状后，用剪刀修整形状。

流苏的固定方法

固定于围巾和披肩的两端、斗篷的下摆等处，作为亮点使用。

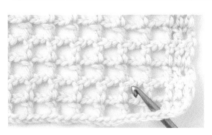

1 从织片的反面插入钩针。

2 将制作流苏的线对折，穿过织片。

3 从穿过织片的线环中拉出线头。

4 拉紧线环，将流苏全部固定好后，剪齐线头。

小贴士

用蒸汽熨斗将织片熨烫平整

织片成品即使皱巴巴也没关系，可以用熨斗熨烫得焕然一新。在熨烫之前要先查看毛线的标签，确认其适合的温度。

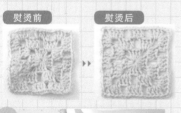

熨烫前 ▶▶ 熨烫后

熨斗要轻轻地浮熨

翻转织片，用蒸汽熨斗烫平。为了不弄坏针目，熨斗浮在织片之上喷蒸汽。到蒸汽消失前都不要移动熨斗。符合成品尺寸的情况下，用珠针固定之后再熨烫。

条纹花样的编织方法

每2行为1组换色编织条纹花样时，可以不剪断线，一边在边缘渡线一边编织。

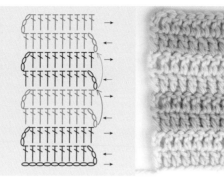

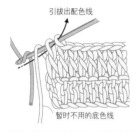

引拔出配色线

暂时不用的底色线

1 在原来颜色的线(底色线)的最后1针引拔出的时候，换成新线(配色线)，针上挂线，引拔出(底色线线头就像从反面出来那样被从后向前地一起引拔出)。

2 换成了配色线。暂时不用底色线编织(保持原样)。

立织3针锁针

3 继续编织下一行的立针。

4 将织片翻回正面，用配色线编织2行。

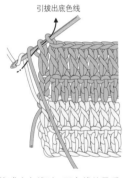

引拔出底色线

5 换成底色线时，配色线的最后1针引拔出的时候，将不编织的底色线拿上来，挂在针头上，引拔出(配色线线头就像从反面出来那样被从后向前地一起引拔出)。

暂时不用的配色线

6 换成了底色线。暂时不用配色线编织。

立织3针锁针

7 继续用底色线编织，注意不要钩到渡线。

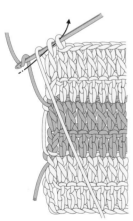

8 编织2行，按照和步骤5一样的要领拿上配色线，引拔出。

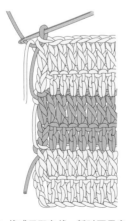

9 换成了配色线。暂时不用底色线编织。

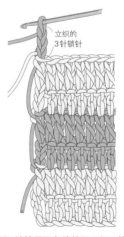

立织的3针锁针

10 继续用配色线编织2行。按照相同的要领换线继续编织。

线头的处理方法

编织收边时，将渡线一起包住编织。

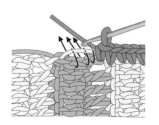

织入花样的编织方法（横向渡线）

此方法适用于横向连续编织的花样和较细的花样。横向以底色线包住配色线。长针以外其他的编织方法要领也一样。

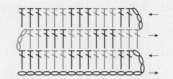 

第1行

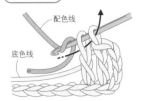

1 在用配色线编织的前一针长针最后引拔时换成配色线。

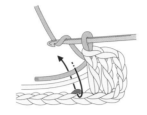

2 一边包住底色线和配色线的线头，一边编织长针。

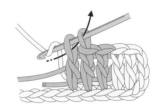

3 用配色线最后引拔时换成底色线。

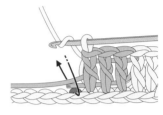

4 一边包住配色线，一边用底色线编织。

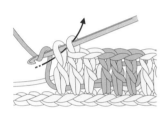

5 用底色线最后引拔时换成配色线。

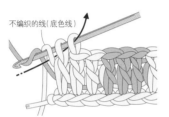

6 在编织行的终点最后引拔时，将底色线挂在针上，不编织，换成配色线（不编织的线，线头就像从反面出来那样被从前向后地挂线）。

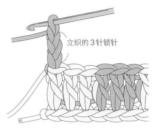

7 立织下一行的3针锁针，将织片右侧向后翻转，直至将织片翻过来。

第2行

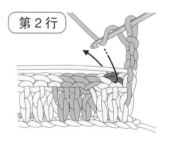

8 将配色线挂在钩针上，底色线也一起挑取。

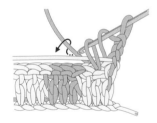

9 一边包住底色线，一边编织长针。

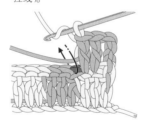

10 用配色线最后引拔时，换成底色线，一边包住配色线，一边用底色线编织。

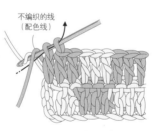

11 第2行编织结束时，将配色线挂在钩针上，不编织，换成底色线（不编织的线，线头就像从反面出来那样被从后向前地挂线）。

第3行

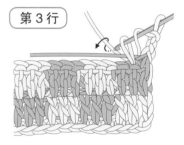

12 立织3针锁针后，将织片翻回正面，不编织的线在反面渡线，并且被包住编织。

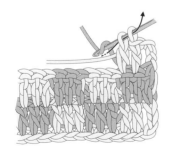

13 底色线最后引拔时换成配色线。

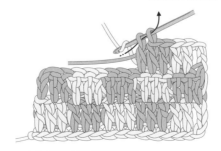

14 按照相同要领继续编织。

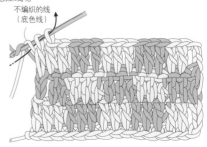

15 在编织行的终点，为了顺利地将线渡至下一行，将不编织的线挂在钩针上后换线（不编织的线朝反面挂于钩针上）。

花片的连接方法
（织完之后连接的方法）

连接花片时，根据花片的形状和针目、作品的不同分别使用不同的方法。织完之后连接的方法，是将全部的花片织好，处理好线头后，一次性完成连接。
这种方法可以一片一片地编织，做起来很轻松。

正面相对短针连接
（正面相对，在半针上编织）

经常用于四边形花片的连接，是一种很牢固的连接方法。
连接后的短针呈现条纹状立体的效果，让人眼前一亮。

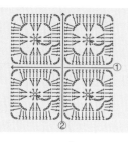

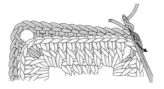

1 将2枚花片正面相对合起，在2枚花片各自的转角中央的锁针外侧半针中插入钩针，挂线拉出。

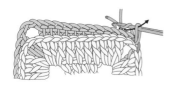

2 编织1针锁针。

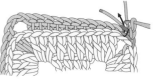

3 接下来的针目也挑取2枚花片各自外侧的半针。

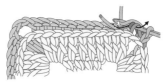

4 将线头一起挑取，拉出线。

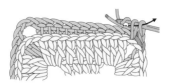

5 编织短针。

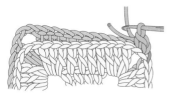

6 连接2枚花片，1针短针编织完成。

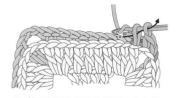

7 按照相同的要领分别挑取各自花片外侧的半针，编织短针。

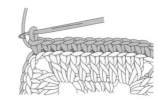

8 连接到下一个转角的中央。

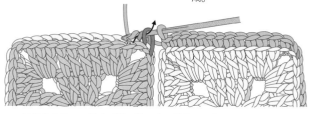

9 继续和步骤1一样分别挑取接下来2枚花片各自转角中央外侧的半针，拉出线。

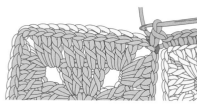

10 编织短针。按照相同要领连接横向的1排。

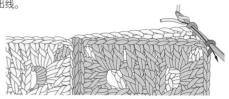

11 横向连接好后，连接纵向。和步骤1一样分别挑取花片各自转角中央外侧的半针，一边编织立针、短针，一边连接。

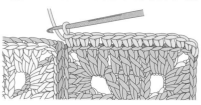

12 一直连接到下一个转角的锁针，在和步骤9一样的地方插入钩针，编织短针。

13 接下来，从横向连接针目的另一侧开始，再次在同一针目中插入钩针，拉出线。

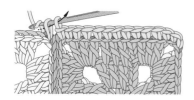

14 编织短针。

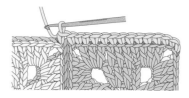

15 按照相同要领一边编织短针一边连接。

卷针缝连接·1
（正面相对，整针缝合）

使用缝针，挑取花片针目顶部的2根线，缝合。
缝合线长60cm左右，用完的话，用新线缝合。

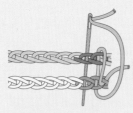 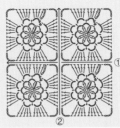 

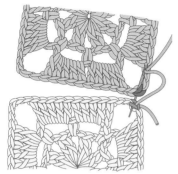

1 将2枚花片正面相对，穿过转角中央的锁针的半针，从下方出针。从2枚花片上各自挑取锁针的2根线，拉出。

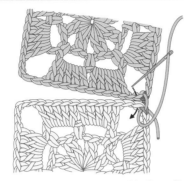

2 注意不要破坏花片的形状，适度拉线，再挑取下一针目。

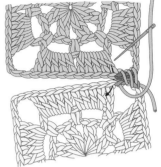

3 长针的部分，也挑取顶部的2根线。

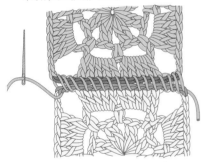

4 缝线斜斜地渡线。连接至下一转角中央的锁针。

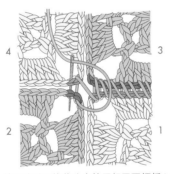

5 接下来的2枚花片也按照相同要领插入缝针，一针一针地拉线缝合。

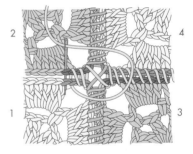

6 横向缝合后，纵向也按照相同要领缝合，缝合后转角没有开孔。

卷针缝连接·2
（正面相对，半针缝合）

挑取花片针目顶部的1根线，缝合。半针排列得很漂亮，
成品比整针缝合的薄。

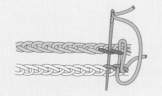 

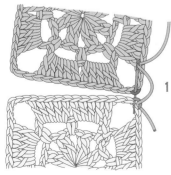

1 将2枚花片正面相对，穿过转角中央的锁针的半针，从下方出针。从2枚花片上各自挑取锁针的外侧半针，拉出。

2 各自挑取长针部分顶部的1根线。

3 按照和整针缝合相同的要领缝合。

第四章　想要了解的技法

花片的连接方法
（一边编织一边在最终行连接的方法）

一边编织花片一边连接。
花片数量增加的话织片就会越来越大，保持着大大的织片连接着的状态，要完成花片编织是很难的，所以尽量在花片的最后一边编织连接。

引拔针连接2枚花片

在第2枚花片最后一边锁针环的中间连接。

第2枚　　第1枚

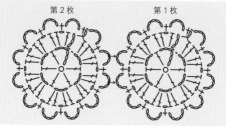

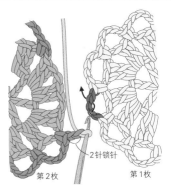

1 连接位置前面的2针锁针编织完成后，从正面将钩针插入第1枚锁针环中。

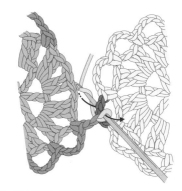

2 针上挂线，引拔出。

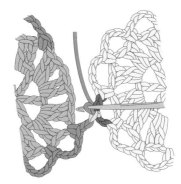

3 用引拔针连接完成。

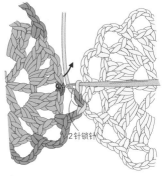

4 继续编织2针锁针，回到第2枚花片，插入钩针。

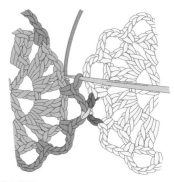

5 编织短针。

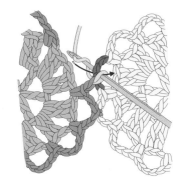

6 继续编织2针锁针，按照和步骤1、2相同的要领在第1枚花片上引拔出。

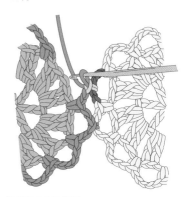

7 连接好2处的情形。

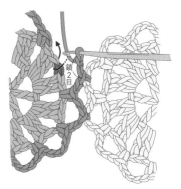

8 编织2针锁针，回到第2枚花片，编织短针。

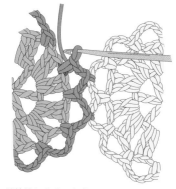

9 继续编织花片，完成。

引拔针连接 4枚花片

连接4枚花片的时候，注意转角的连接方法。

要点是将第3、4枚的花片不连接在第1枚花片上，而是连接在第2枚上。

第4枚　第3枚

第4枚　第3枚

第2枚　第1枚

第2枚　第1枚

第2枚

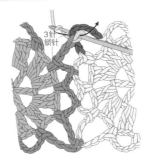

1 一边编织第2枚花片的最后一边，一边整段挑取第1枚花片的锁针环，用引拔针连接（参照P.62）。

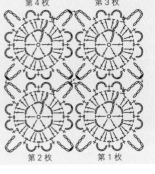

2 用引拔针连接好了一边。继续编织第2枚花片。

第3枚

3 连接位置前面的3针锁针编织完成后，挑取连接第1、2枚花片的引拔针的底部的2根线，插入钩针。

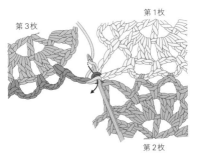

4 针上挂线，引拔出。

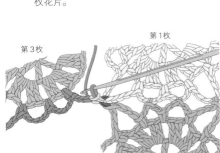

5 第3枚花片的转角连接好了。

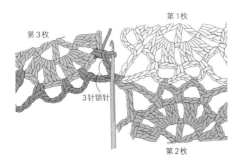

6 继续编织3针锁针，在第3枚花片上编织短针。接下来和第1枚花片连接。

第4枚

7 连接位置前面的3针锁针编织完成后，和步骤3一样挑取第2枚花片引拔针底部的2根线，针上挂线，引拔出。

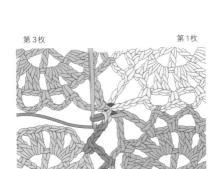

8 第4枚花片的转角连接好了。

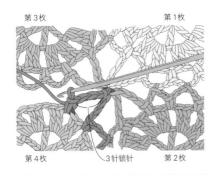

9 继续编织3针锁针，在第4枚花片上编织短针。接下来和第3枚花片连接。

短针连接2枚花片

和用引拔针连接一样，在第2枚花片最后一边锁针环的中间连接。

第2枚　第1枚

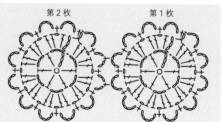

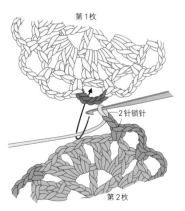

1 连接位置前面的2针锁针编织完成后，将钩针从反面插入第1枚花片的锁针环中。

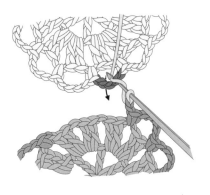

2 针上挂线，引拔出。

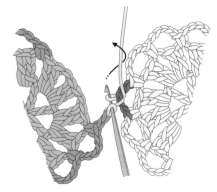

3 再按照图示转动钩针。

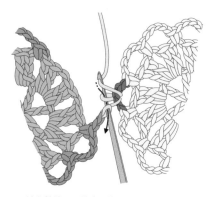

4 针上挂线，引拔出，编织短针。

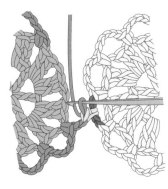

5 用短针连接好。

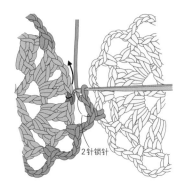

6 继续编织2针锁针，回到第2枚花片，插入钩针，编织短针。

7 继续编织2针锁针，按照和步骤1~4一样的要领从反面插入钩针，编织短针。

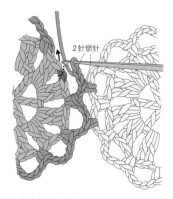

8 连接好2处的情形。继续编织2针锁针，回到第2枚花片，编织短针。

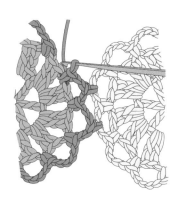

9 继续编织花片，完成。

短针连接4枚花片

用短针连接4枚花片和用引拔针连接4枚花片时一样，要注意转角的连接方式。

要点是不要将第3、4枚的花片连接在第1枚花片上，而是连接在第2枚上。

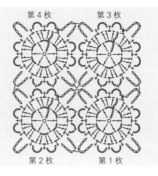

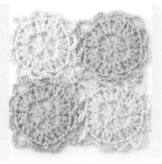

第2枚

1 一边编织第2枚花片的最后一边，一边从反面整段挑取第1枚花片的锁针环，用短针连接（参照 P.64）。

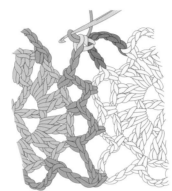

2 用短针连接好了一边。继续编织第2枚花片。

第3枚

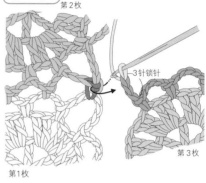

3 连接位置前面的3针锁针编织完成后，从反面挑取连接第1、2枚花片短针底部的2根线，插入钩针。

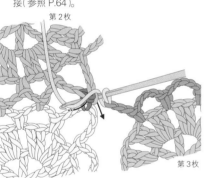

4 针上挂线，拉出。

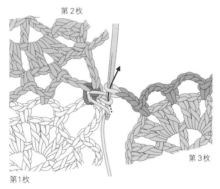

5 再挂线，引拔出，编织短针。

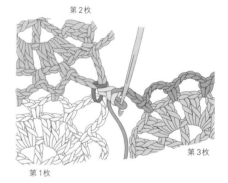

6 第3枚花片的转角连接好了。一边继续将第3枚花片和第1枚花片连接在一起，一边编织。

第4枚

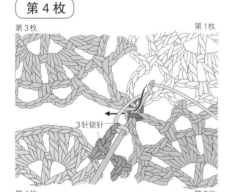

7 连接位置前面的3针锁针编织完成后，和步骤3一样从反面挑取第2枚花片短针底部的2根线，针上挂线，拉出。

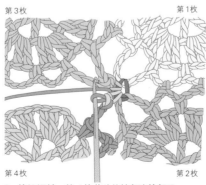

8 编织短针。第4枚花片的转角连接好了。

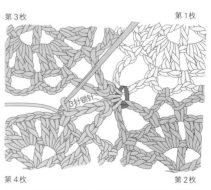

9 继续编织3针锁针，在第4枚花片上编织短针。接下来和第3枚花片连接。

长针连接2枚花片

此方法适用于大量使用长针编织的花片，连接得比较牢固。会暂时取下第1针上的钩针，在第1枚花片上拉出针目，编织连接，之后，一边挑取第1枚花片的长针顶部，一边编织。

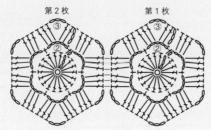

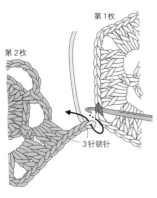

1 连接位置前面的3针锁针编织完成后，暂时取下钩针，挑取第1枚花片长针旁边锁针的2根线，插入钩针，再将钩针插回到第2枚花片的针目中。

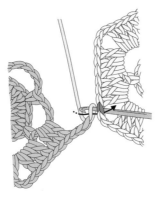

2 将第2枚花片的针目穿过第1枚花片拉出。

3 挑取第1枚花片下一长针顶部的2根线，插入钩针。

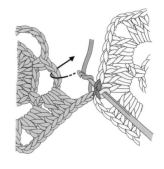

4 针上挂线，将钩针插入第2枚花片中。

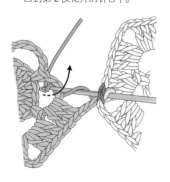

5 针上挂线，拉出。

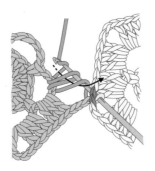

6 针上挂线，从2个线圈中引拔出。

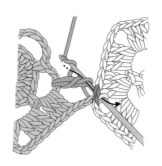

7 再次挂线，从2个线圈中引拔出，编织长针。

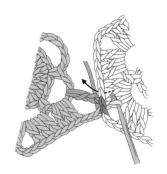

8 继续将钩针插入第1枚花片下一长针的顶部。

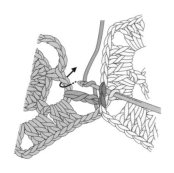

9 在第2枚花片上编织长针。

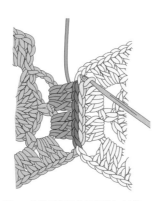

10 一边按照相同的要领编织长针，一边连接。

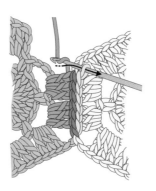

11 继续编织3针锁针，回到第2枚花片。

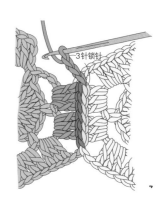

12 继续编织化片，完成。

收边的方法
（挑针方法）

收边时经常会从织片挑针编织。根据织片的不同，有分开针目挑取和整段挑取（P.31）两种情况。

从针目紧凑的部分和镂空部分兼有的织片挑针

织片上针目紧凑的部分要分开针目挑针，镂空的部分要整段挑取编织。

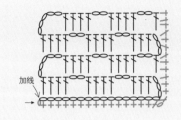

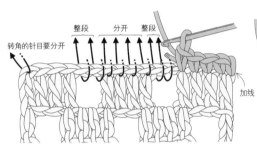

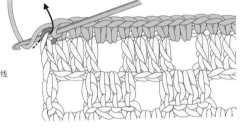

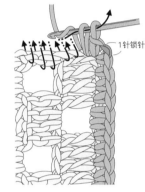

1 从起针的对侧挑针时，编织主体针目，挑取剩下的起针的线（分开起针）编织。保持锁针起针原样，整段挑取编织。

2 为了不让收边变形，转角处要分开针目，挑取锁针的半针和内侧编织。

3 转角，在同一针目中再加入1针锁针和1针短针。从行侧开始的挑针，也要将分开针目挑取和整段挑取组合起来使用。

从完全镂空的织片挑针

从网眼编织等整体镂空的织片挑针时，针目和行都要整段挑取编织。但是转角的部分为了不使织片变形，要分开针目挑针。

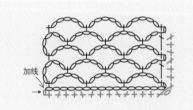

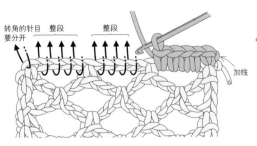

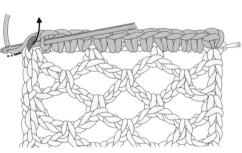

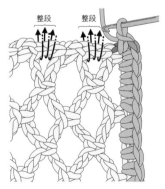

1 编织起点的转角分开针目，加线编织，之后按照箭头所示整段挑取锁针编织。

2 为了不让收边变形，转角处要分开针目编织。

3 从行侧开始的挑针，也要整段挑取边缘的针目编织。

 **接缝和钉缝**

连接2枚织片时，基本上将行与行之间的连接称为接缝，针目与针目之间的连接称为钉缝（针目与行的连接也被称为钉缝）。

接缝和钉缝时，挑针的间隔必须一致，避免过紧和过松。

引拔接缝

因为两端各有半针消失，所以看上去缝份很窄。

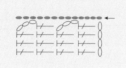  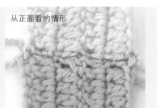

从正面看的情形

1 将2枚织片正面相对并拢，将钩针插入2枚织片边缘相同的锁针起针中，拉出线。

2 针上挂线，拉出。

3 接下来分开边缘的针目，插入钩针，编织引拔针接缝。

4 保持平衡，根据针目的高度调整针数引拔出，缝合结束时再次挂线引拔出，拉紧针目。

*"缝合"要分开针目编织，所以如果用比编织主体细1号的钩针编织的话，比较容易。

锁针引拔接缝
（锁针接缝）

此方法很容易找到缝合的位置，比较简单。

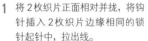 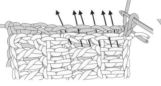 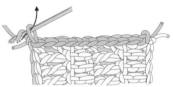

从正面看的情形

1 将2枚织片正面相对并拢，将钩针插入2枚织片边缘相同的锁针起针中，拉出线。

2 针上挂线，引拔出。

3 根据到下一针目顶部的距离编织相应长度的锁针。

4 在2枚织片对应的边缘针目顶部插入钩针，织引拔针。

5 重复步骤3、4。

6 缝合结束时再次挂线引拔出，拉紧针目。

锁针短针接缝

将锁针引拔接缝中的引拔针换成短针编织。成品的缝合位置较厚。

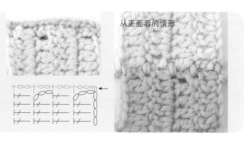

从正面看的情形

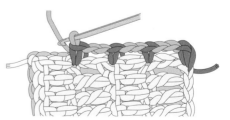

和锁针引拔接缝一样，挑取织片顶部相应的针目，编织短针。

引拔钉缝

引拔钉缝是简单快速的缝合方法。
引拔针重叠后织片较厚。

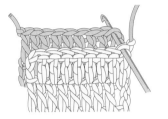 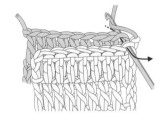 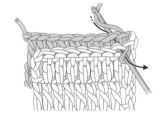 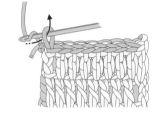

1 将2枚织片正面相对并拢，挑取各自最终行针目顶部的2根线，插入钩针。

2 针上挂线，拉出（用一侧编织终点的线钉缝比较好）。

3 一针一针地引拔出。

4 钉缝终点再次挂线，引拔出，拉紧针目。

卷针钉缝

使用缝针钉缝。因为是全部针目对齐钉缝，所以很牢固。

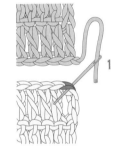

1 将2枚织片正面对齐，挑取各自最终行顶部的2根线（用一侧编织终点的线钉缝比较好）。

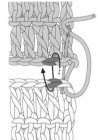

2 保持从同一方向插入缝针，一针一针地钉缝。因为看得到钉缝线，所以要保持一样的拉线力度。

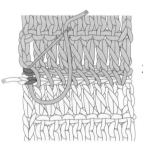

3 钉缝终点再在同一位置穿一两次针，牢牢地固定，在反面处理线头。

卷针接缝

使用缝针接缝。缝得很牢固，但线迹明显。

 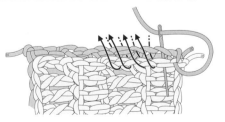 

1 将2枚织片正面相对并拢，将缝针插入相对应的锁针起针中。

2 保持从同一方向插入缝针，2枚织片均要一边分开边缘的针目，一边将1行长针各缝两三次。

3 接缝终点再在同一位置穿一两次针，牢牢地固定，在反面处理线头。

快速编织的小物

让我们挑战各种作品吧!

[网眼编织的披肩]

很容易搭配的短款三角披肩。
在网眼编织上加上了王冠状的花样。因为是从三角的
顶点开始编织的,所以可以随意地调整大小。
设计/和久响子

编织方法

线　和麻纳卡 yasai–batake（中细）紫色（5）160g

针　钩针 4/0号

密度　编织花样：1个花样 20针是6cm，
　　　16行是9cm

成品尺寸　宽121.5cm，长46.5cm

编织方法 ※第2行之后的针目均整段挑取前一行的整体编织。

编织5针锁针，作为起针。第1行，立织1针锁针，
挑取起针内侧编织1针短针，3针锁针，1针短针。
第2行，立织4针锁针，3针锁针，3针长针，锁针3
针的狗牙拉针，2针长针。继续编织2针锁针，1针
长长针，2针锁针。第3行，立织1针锁针，编织1
针短针，3针锁针，1针短针，7针锁针，1针短针，
3针锁针，1针长针。第4～81行，在两端一边加针
一边参照图编织花样。看着织片正面，在左端加线，
重复"立织1针锁针，1针短针（整段挑取），锁针3
针的狗牙拉针，4针锁针"，按图编织一圈收边。

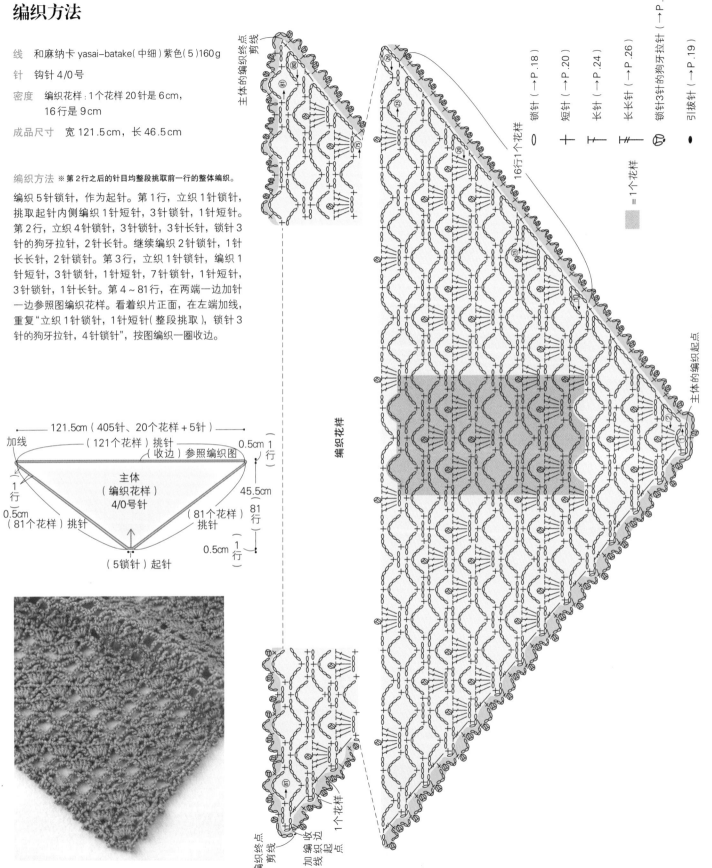

锁针（→P.18）
短针（→P.20）
长针（→P.24）
长长针（→P.26）
锁针3针的狗牙拉针（→P.47）
引拔针（→P.19）

=1个花样

121.5cm（405针、20个花样 + 5针）
加线
（121个花样）挑针
（收边）参照编织图
0.5cm 1行
主体
（编织花样）
4/0号针
45.5cm
（81个花样）挑针
（81个花样）挑针
81行
0.5cm（1行）
（5锁针）起针
0.5cm（1行）

主体的编织终点
剪线
主体的编织起点
编织花样

编织终点
剪线
加线
收边
编织起点
1个花样

16行1个花样

[松叶针手拎包]

松叶般扇形的花样称为松叶针。密密地编织松叶针后，
会很牢固，适合编织包。
用同样的编织方法，只要更换线和针的粗细就可以享
受到改变尺寸带来的快乐。
设计 / 和久响子

A

B

编织方法

线　A 和麻纳卡 mensclubmaster 红色(42)140g
　　B 和麻纳卡　bosk灰色(3)240g

针　A 钩针 7.5/0号、5/0号；B 钩针 9/0号、7/0号

密度　A 10cm×10cm面积内 编织短针：17.5针，15.5行；
　　　　编织花样：8针(1个花样)是 4.6cm，9行是 10cm
　　　B 10cm×10cm面积内 编织短针：14针，12.5行；
　　　　编织花样：8针(1个花样)是 5.7cm，7行是 10cm

成品尺寸
A 宽 23cm，深 16.5cm(不含提手)
B 宽 28.5cm，深 21.5cm(不含提手)

编织方法 [ ]内是 B

主体用 7.5/0[9/0]号钩针编织 21针锁针，作为起针，从底部开始编织。立织 1针锁针，挑取锁针起针的两侧(参照 P.49)，一边按图所示编织增加短针，一边编成椭圆形，编织 7行。接下来，侧面如图按照花样编织 15行，编成环形。第 3行之后的奇数行在立针上引拔出，在前一针最后的针目上引拔后编织下一行的立针。提手用 5/0[7/0]号钩针编织 8针锁针作为起针，挑取锁针起针的内侧做 46行短针的往返编织。提手编织 2条，牢牢地缝在侧面固定提手位置上。提手两端各保留 5行，将两侧对齐，卷针缝缝合。

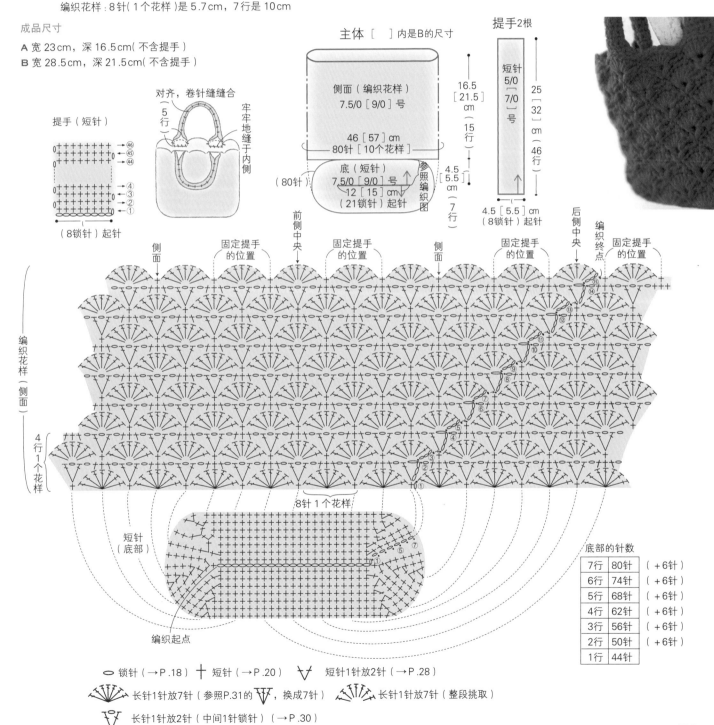

底部的针数

7行	80针	(+6针)
6行	74针	(+6针)
5行	68针	(+6针)
4行	62针	(+6针)
3行	56针	(+6针)
2行	50针	(+6针)
1行	44针	

[多彩的花片盖毯]

盖毯上如同绽放着五颜六色的花一般，十分讨人喜欢。
将相同的花片用不同的颜色搭配连接起来。多彩的花
片只要看着就让人心情愉快。

设计 / 远藤裕美
制作 / 日下部庆子

编织方法

线 和麻纳卡 fairlady50 米黄色(1)100g，黄绿色(56)、灰色(96)、橙色(57)、粉白色(53)、粉红色(74)、浅紫色(82)、樱桃红色(93)各30g

针 钩针6/0号

花片大小 直径7cm

成品尺寸 77cm × 约42cm

编织方法

花片环形起针(参照 P.50)，第1行，立织2针锁针，织11针中长针。第2行，换色，立织1针锁针，重复编织"1针短针，1针锁针"，短针要在第1行的针目与针目之间插入钩针编织。第3行，换色，立织1针锁针，重复编织"1针短针，3针锁针，中长针5针的枣形针，拉紧的1针锁针，3针锁针"(拉紧的锁针是指为了拉紧枣形针而编织的锁针)。第4行，换色，立织1针锁针，重复编织"1针短针，7针锁针，1针短针，5针锁针"，不连接花片的外侧编织5针锁针。从第2枚开始，一边在第4行和之前的花片连接，一边换色编织。

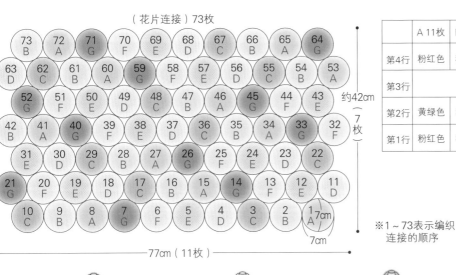

(花片连接) 73枚

※1~73表示编织连接的顺序

	A 11枚	B 11枚	C 10枚	D 10枚	E 10枚	F 10枚	G 11枚
第4行	粉红色	粉白色	橙色	黄绿色	灰色	浅紫色	樱桃红色
第3行	米黄色						
第2行	黄绿色	粉红色	樱桃红色	浅紫色	樱桃红色	橙色	粉红色
第1行	粉红色	粉白色	橙色	黄绿色	灰色	浅紫色	樱桃红色

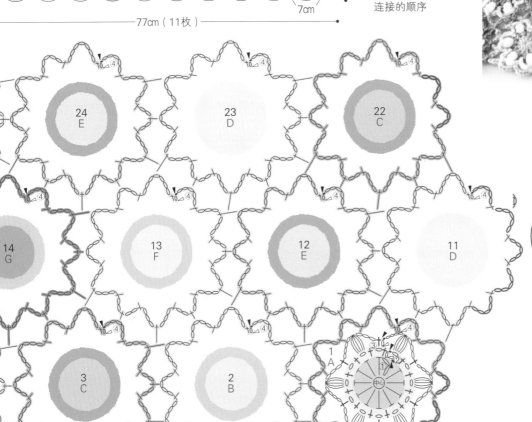

○ 锁针 (→P.18)

十 短针 (→P.20)

丁 中长针 (→P.22)

中长针5针的枣形针
(参照→P.35的④,
整段挑取，5针的枣形针)

• 引拔针 (→P.19)

十 = 在前一行的针目与针目之间织入短针

○ = 不连接花片的第4行的锁针
※锁针要5针5针地编织

◁ = 加线

◀ = 剪线

75

［双色发圈］

马海毛松软的手感非常可爱。
用橡皮筋做底部，直接在上面编织。
试试独创的色彩组合吧。
设计/远藤裕美

编织方法

线　A　和麻纳卡 纯羊毛线（中细）　抹茶色（22）5g,
　　　和麻纳卡 马海毛　紫色（71）3g

　　　B　和麻纳卡 纯羊毛线（中细）　米黄色（1）5g,
　　　和麻纳卡 马海毛　黄色（30）3g

　　　C　和麻纳卡 纯羊毛线（中细）　浅绿色（21）5g,
　　　和麻纳卡 马海毛　米黄色（61）3g

其他　直径5cm的橡皮筋各1个

针　钩针4/0号

成品尺寸　参照编织图

编织方法

用中细纯羊毛线像包橡皮筋那样（参照编织图），编织72针短针。第2、3圈，立织1针锁针，重复编织"1针短针，4针锁针"。编织第3圈时，在第2圈的锁针环上引拔后立织锁针，整段挑取前一圈的锁针编织短针。第4圈换成马海毛线，整段挑取第3圈的锁针，立织3针锁针，编织长针4针的枣形针，编织4针锁针，重复编织"长针5针的枣形针，4针锁针"。第5圈，用中细纯羊毛线整段挑取第4圈的锁针，重复编织"1针短针，3针锁针，1针短针，4针锁针"（长针5针的枣形针向反面突出，所以将反面作为正面使用比较好加线）。

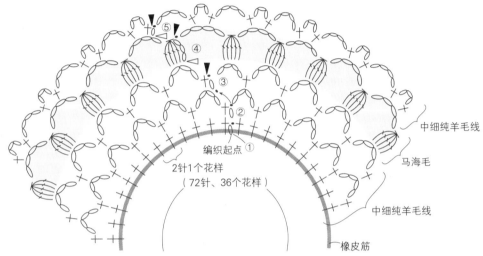

中细纯羊毛线

马海毛

中细纯羊毛线

橡皮筋

编织起点①

2针1个花样
（72针、36个花样）

▶▶ 在橡皮筋上编织的方法

1　右手拿着线头，将钩针插入橡皮筋的圈中，拉出线。

2　针上挂线，从针上的线圈中引拔出。

3　立织1针锁针的情形。

4　在橡皮筋环中插入钩针，挂线，拉出。

5　针上挂线，编织短针。继续在橡皮筋上编织短针。

　锁针（→P.18）

＋　短针（→P.20）

　　引拔针（→P.19）

　　长针5针的枣形针
　　（参照→P.35的长针3针的枣形针，
　　编织5长针，整段挑取）

◁＝加线　◀＝剪线

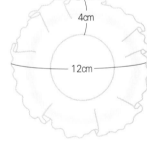

4cm

12cm

KANTAN WAKARIYASUI KAGIBARIAMINOKIHON (NV80309)
Copyright © NIHON VOGUE-SHA 2012 All rights reserved.
Photographers: NORIAKI MORIYA YUKI MORIMURA
Original Japanese edition published in Japan by NIHON VOGUE CO.,LTD.,
Simplified Chinese translation rights arranged with BEIJING BAOKU
INTERNATIONAL CULTURAL DEVELOPMENT Co.,Ltd.

日本宝库社授权河南科学技术出版社在中国大陆独家出版发行本书中文简体字版本。
版权所有，翻版必究
著作权合同登记号：图字16—2013—008

图书在版编目(CIP)数据

全图解钩针编织新手入门/日本宝库社编著；梦工房译.— 郑州：河南科
学技术出版社，2013.11 (2019.1重印)
ISBN 978-7-5349-6450-3

Ⅰ.①全… Ⅱ.①日…②梦… Ⅲ.①钩针-编织-图解 Ⅳ.①TS935.521-64

中国版本图书馆CIP数据核字（2013）第163263号

出版发行：河南科学技术出版社
　　　　　地址：郑州市经五路66号　　邮编：450002
　　　　　电话：(0371) 65737028　65788613
　　　　　网址：www.hnstp.cn
策划编辑：刘　欣
责任编辑：张　培
责任校对：张小玲
封面设计：张　伟
责任印制：张艳芳
印　　刷：河南瑞之光印刷股份有限公司
经　　销：全国新华书店
幅面尺寸：210 mm×260 mm　　印张：5　　字数：170千字
版　　次：2013年11月第1版　　2019年1月第3次印刷
定　　价：36.00元

如发现印、装质量问题，影响阅读，请与出版社联系并调换。

定价：32.80 元

32.80 元

32.80 元

32.80 元

定价：36.00 元

定价：36.00 元

定价：38.00 元

定价：58.00 元

定价：39.80 元

定价：39.80 元

定价：39.80 元

定价：39.80 元

定价：36.00 元

定价：39.80 元

定价：39.80 元

更多精彩图书请登录：
http://www.hnstp.cn

定价: 49.00 元

定价: 49.00 元

定价: 49.00 元

河南科学技术出版社
精品图书推荐

定价: 49.00 元

定价: 49.00 元

定价: 49.00 元

定价: 49.00 元

定价: 49.00 元

定价: 49.00 元

定价: 36.00 元

定价: 36.00 元

定价: 68.00 元

定价: 36.00 元

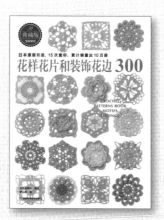

定价: 36.00 元

定价: 36.00 元